AF300020

TRAITÉ

de l'origine

DES GLAIRES,

DE LEURS EFFETS,

ET DES DÉSORDRES QU'ELLES PRODUISENT DANS L'ÉCONOMIE ANIMALE,

Avec l'exposé de la méthode à suivre pour les guérir efficacement soi-même,

PAR L'USAGE

DE L'ÉLIXIR TONIQUE ANTIGLAIREUX,

Préparé par **PAUL GAGE**,

SELON LA FORMULE

De M. GUILLIÉ,

Docteur en Médecine de la Faculté de Paris, chevalier de la Légion-d'honneur, etc.

(Pour la manière de s'en servir, voir page 16.)

TRENTE-QUATRIÈME ÉDITION,

REVUE ET CONSIDÉRABLEMENT AUGMENTÉE.

Prix : 50 cent.

PARIS

CHEZ **PAUL GAGE**, PHARMACIEN,

Rue de Grenelle-St-G., 13, près celle des **Saints-Pères**.

1855.

AVIS IMPORTANT.

M. Paul Gage a acquis, en septembre 1832, la copropriété de l'ELIXIR TONIQUE ANTIGLAIREUX du Docteur GUILLIÉ, par acte authentique passé devant Me Cottenet, notaire à Paris.

Un arrêt rendu par la Cour impériale de Dijon, le 17 août 1854, a constaté, sur le rapport de MM. Chevalier et O. Henry, membres de l'Académie impériale de médecine, et Lassaigne, professeur de Chimie à l'École d'Alfort, experts désignés par elle pour en faire l'analyse, que l'ÉLIXIR DE GUILLIÉ, préparé par Paul GAGE, était un médicament perfectionné, toujours régulier dans son action, *n'était point un remède secret*, et que la vente en devait être autorisée.

NOUS AJOUTONS :

Que depuis quelque temps le public nous adresse de nombreuses plaintes, sur le manque d'action, ou sur l'action incendiaire d'une contrefaçon de notre Elixir que des pharmaciens peu scrupuleux lui vendent sous le nom d'*Elixir de Guillié*, préparé par nous. La forme des bouteilles et des étiquettes et *notre signature elle-même* sont imitées.

POUR REMÉDIER

A un aussi coupable abus, nous prions les consommateurs de notre Elixir de ne pas rapporter nos bouteilles vides aux dépositaires et même de les casser, d'exiger que la Brochure qui est enveloppée avec chaque bouteille leur soit toujours délivrée pour empêcher qu'elle serve à faciliter la vente de bouteilles contrefaites ; s'ils ont quelque doute sur l'authenticité de la bouteille qu'on leur livre, d'exiger une déclaration écrite, que l'**Elixir est bien préparé par nous**, afin que l'on puisse réclamer contre le vendeur, s'il a trompé, l'application de la loi qui punit sévèrement la tromperie sur la marchandise vendue.

Enfin, on devra vérifier si les étiquettes sont semblables à celles imprimées sur la couverture de la Brochure, si elles portent notre signature et si les cachets imprimés sur le médaillon de la bouteille et sur la cire verte qui recouvre le bouchon, sont semblables à ceux dont nous donnons ci-dessous le spécimen ; si, enfin, le sommet de la bouteille est revêtu d'une petite bande de papier imprimée à l'encre rouge sur un fond pointillé inimitable et qui porte notre signature écrite *à la main*.

Modèle du cachet incrusté dans le médaillon de la bouteille.

Modèle du cachet appliqué sur la cire verte.

N. B. L'Auteur et l'Éditeur de cet ouvrage se réservent le droit de le traduire ou faire traduire en toutes les langues. Ils poursuivront, en vertu des lois, décrets et traités internationaux, toutes contrefaçons faites au mépris de leurs droits. — Le dépôt légal de cet ouvrage a été fait de nouveau à Paris, en août 1855, et toutes les formalités prescrites par les traités sont remplies près des divers États avec lesquels la France a conclu des conventions sur la propriété littéraire.

AVERTISSEMENT

DE LA PREMIÈRE ÉDITION (1820).

Fils d'un père goutteux et d'une mère douée d'une constitution lymphatique, à peine sorti de l'enfance, je fus assailli par des maladies graves qui mirent ma vie dans un imminent danger. On attribua aux effets de la croissance, à la présence des vers intestinaux, au rachitis, un état qui n'était dû qu'à la surabondance des glaires qui neutralisaient toutes mes fonctions, et dont il aurait suffi de me délivrer pour me rendre les forces et la santé; mais, bien au contraire, ceux qui furent appelés pour me donner des soins, prétendirent que ma maladie était le résultat de ce qu'il leur a plu d'appeler une fièvre muqueuse, dénomination vide de sens, qui, ne fournissant rien à leur esprit, devait tout naturellement ne rien produire non plus dans leur intelligence pour me guérir, puisque dans ces temps-là on avait tout dit lorsqu'on avait affirmé qu'un individu était affecté de la fièvre muqueuse, comme aujourd'hui lorsqu'on a conseillé les sangsues et l'eau gommée, tristes effets de la mode et du caprice, qui s'introduisent dans les têtes de ceux qui exercent le plus grave et le plus important de tous les ministères pour le bonheur des hommes.

Telle est l'origine du goût que je contractai pour la médecine en général et pour l'étude des affections glaireuses en particulier ; je tournai toutes mes vues vers l'utile dessein de débarrasser l'homme d'une matière inutile qui l'absorbe, qui l'accable ; je me rendis familiers tous les auteurs qui ont écrit sur ce sujet important : je n'ai rien négligé pour observer toutes les complications produites par l'*humeur glaireuse*. C'est donc le résultat de vingt années d'expériences que j'offre au public, et ceux qui me connaissent savent que l'état actuel de ma santé, jadis si frêle et si débile, parle plus éloquemment que tous les discours en faveur de ma méthode (1).

(1) M. Guillié a aujourd'hui (juin 1855) 72 ans, et jouit d'une santé florissante.

DES GLAIRES

DE LEURS EFFETS

ET DES DÉSORDRES QU'ELLES PRODUISENT

dans l'économie animale.

Les maladies occasionnées par les glaires sont plus fréquentes qu'on ne le suppose généralement, parce qu'on n'attache pas assez d'importance aux causes, en apparence légères, qui les produisent.

Du climat,	De l'hygiène,
Des occupations,	Des privations,
De la manière de vivre,	Des affections morales,
Et du milieu dans lequel on vit,	Des excès de toutes sortes.

Le symptôme qui dénote ordinairement la présence des glaires, et qui doit faire pressentir les maladies qui en peuvent résulter, c'est un dérangement dans les fonctions de l'appareil digestif et des principaux organes du corps humain.

En effet, presque toutes les maladies commencent par la perte de l'appétit, par une grande difficulté dans les digestions, par de l'oppression nerveuse, quelquefois par une soif ardente, de violents maux de tête, de la sécheresse à la peau, et une fièvre intense.

L'accumulation des glaires dans les divers organes, qui en produisent plus qu'il n'est nécessaire pour le jeu régulier de leurs fonctions, produit seule ces désordres, et peut être regardée comme la cause principale des maladies qui affectent tout aussi bien l'enfant que l'adulte, l'homme fait que le vieillard.

Partant de ce principe, il est évident que le traitement le plus rationnel est celui qui s'attaque à la cause de la maladie en même temps qu'au symptôme, et détruit l'un en même temps qu'il guérit l'autre.

Ce principe incontestable explique l'immense vogue dont jouit l'**Élixir de Guillié**, et les services qu'il rend tous les jours aux médecins et aux malades, dans les cas les plus désespérés.

En parcourant, dans cette brochure, la série des maladies les plus fréquentes aux divers âges de la vie, nous expliquons comment et pourquoi il agit comme *curatif* en même temps que comme *préservatif*, et aussi pourquoi, dans ce dernier cas, il est utile d'en faire usage de temps en temps, pour prévenir des maladies qui, sans cette précaution, se déclareraient infailliblement.

L'action de l'**Élixir de Guillié** est toujours bienfaisante. Comme purgatif, loin de débiliter comme les autres médicaments de ce genre, il est tonique en même temps que rafraîchissant; il aide et corrige toutes les sécrétions; il donne de la force aux divers organes, n'astreint pas à une diète sévère, au contraire, demande qu'un bon repas soit pris le jour où on en fait usage, peut être administré, avec un égal succès, à la plus tendre enfance et à la plus extrême vieillesse, sans jamais donner lieu à aucune espèce d'accidents.

Il est exclusivement composé avec des substances végétales d'un prix élevé et d'une grande efficacité, dont les parties actives sont cohobées dans un liquide légèrement spiritueux et sucré.

La vogue extrême dont l'**Elixir de Guillié** jouit *dans le monde entier*, la quantité immense qui s'en consomme tous les ans, sont la meilleure preuve qu'on puisse donner de sa puissance médicale, des services qu'il rend tous les jours, et surtout de la bénignité de son usage.

Et en effet, n'est-il pas certain que le succès ne s'attache jamais qu'aux choses essentiellement bonnes et utiles? Est-ce que le public ne répudie pas honteusement ce qui lui a été nuisible, au lieu de le rechercher, comme il le fait de l'**Élixir de Guillié**?

C'est la meilleure réponse que le public et nous puissions faire aux détracteurs jaloux ou intéressés de l'**Élixir de Guillié**, qui voudraient contester son mérite et nier sa puissance curative.

CHAPITRE PREMIER.

Des Glaires en général.

Il y a peu de sujets qui aient excité autant de contestations parmi les médecins que les glaires, et cependant il n'y a rien de plus évident que l'existence de cette humeur, qui occasionne une infinité de maladies.

Comme les passions et la mode exercent, malheureusement pour les malades, une trop grande influence sur les opinions médicales, on a vu tour à tour des médecins nier l'existence des glaires, tandis que d'autres s'efforçaient de démontrer qu'elles étaient la seule et la véritable origine de tous nos maux.

Si l'on voulait juger de l'étendue de nos connaissances sur une affection quelconque d'après le nombre de volumes auxquels elle a donné lieu, on pourrait croire qu'il n'y a peut-être pas un objet en médecine qui fût plus complétement traité que celui qui est relatif aux glaires. Mais quand on veut élaguer de ces différents ouvrages tout ce qu'il y a de vague et d'incertain, on ne tarde pas à s'apercevoir que les notions que nous avons sur cette maladie sont encore très-imparfaites.

Quand une maladie donne lieu à tant d'opinions diverses, on serait heureux d'avoir une monographie où toutes les opinions fussent rapportées et jugées, toutes les méthodes de traitement comparées et appréciées suivant leur degré d'utilité : c'est ce que j'ai essayé de faire dans cet opuscule.

Je m'attends bien que, dans un moment où la médecine éprouve, non-seulement en France, mais dans toutes les écoles de l'Europe, des changements considérables, au moment où cette révolution, ces bouleversements ont été nécessités par les mauvais résultats des anciennes doctrines, je m'attends bien, dis-je, que ceux qui tiennent plus à leurs opinions qu'au salut des malades, crieront à l'exagération, et peut-être même au charlatanisme, lorsqu'on verra que je suis parvenu à prouver qu'un très-grand nombre de maladies reconnaissent pour cause les glaires, et que par conséquent je veux sortir de l'ornière commune et simplifier les traitements en renversant l'échafaudage des doctrines chimériques, et en allant droit au fait pour rendre évident et palpable qu'il n'y a qu'un seul agent qui produit, je ne dis pas toutes les maladies exclusivement quelles qu'elles soient, comme le prétendent ceux qui exsanguinent aujourd'hui les malades, mais bien le plus grand nombre. Quand j'aurai démontré que si les maladies sont multiples, la cause qui les produit est presque toujours unique, on sera amené, par la logique, a conclure comme moi que pour les guérir il est inutile de diriger contre elles tout un arsenal pharmaceutique de médicaments disparates, mais qu'un seul peut suffire, pourvu qu'il possède, comme l'Élixir, la propriété d'attaquer l'humeur glaireuse jusque dans ses derniers retranchements, de séparer ses molécules et de la rendre assez fluide pour qu'elle puisse être évacuée facilement, partie par les selles, partie par la transpiration insensible.

Définition des glaires.

Les anciens, qui avaient donné aux glaires le nom de *pituite* ou de *phlegme*, les définissaient une humeur visqueuse ou collante qu'on rencontre à la surface des membranes muqueuses pour les tenir humides et faciliter l'accomplissement de leurs fonctions organiques.

Tous les organes exhalants produisent des glaires, et si l'on pouvait mesurer avec exactitude la quantité de cette humeur qui est filtrée par tous les émonctoires, on trouverait qu'elle surpasse en pesanteur toutes les autres évacuations.

Il est facile de concevoir, d'après cela, combien sa surabondance, ses changements de nature et de direction doivent influer sur les phénomènes de notre organisation et altérer la santé.

Cette matière n'a pas toujours la même couleur et la même consistance ; son aspect varie selon qu'elle est produite par un organe ou par un autre, et selon l'âge, le tempérament et l'ancienneté de la maladie.

Les glaires sont le plus ordinairement blanches, grisâtres ou d'une couleur jaune striée de noir ; leur consistance varie depuis la limpidité de l'eau jusqu'à l'épaisseur de la gelée. Celles qui se forment dans l'estomac sont communément plus aqueuses que celles que les poumons exhalent et que l'on expectore le matin.

Les enfants sont assez généralement surchargés de glaires, et presque toutes leurs maladies sont occasionnées par l'excès de cette humeur.

Les médecins qui s'obstinent à appeler ces maladies de l'enfance, des fièvres muqueuses, en substituant un mot à un autre, feraient bien mieux d'expulser dans les glaires la cause du mal que de s'attacher à un résultat qui disparaît aussitôt que la cause est détruite.

À cet âge, les os, les chairs sont, pour ainsi dire, imprégnés de phlegmes plus ou moins visqueux. Ceux surtout dont le teint est pâle, les cheveux peu colorés, en sont très-fatigués ; ils sont sujets au dévoiement, ils ont des vers, de fréquentes indigestions, etc.

Les glaires qui se déposent dans la vessie, et qui donnent naissance à la maladie si fréquente et si funeste appelée *catarrhe de la vessie*, sont d'apparence graisseuse ; on les aperçoit flotter comme de l'huile à la surface de l'urine pendant qu'elle est tiède, et, à mesure qu'elle se refroidit, s'en séparer. Celles qui empâtent le foie donnent lieu à des obstructions ; lorsqu'elles ont leur siége dans les articulations, elles produisent la goutte, etc.

En général les engorgements pituiteux sont modifiés par l'âge ; liquides chez les enfants, les glaires sont visqueuses, consistantes et presque solides chez les vieillards. A cette époque de la vie, on éprouve une peine infinie à s'en débarrasser, par la raison très-facile à saisir que tous les émonctoires sont plus ou moins obstrués, que la transpiration est nulle, et l'exhalation pulmonaire considérablement diminuée, etc.

L'atonie glaireuse est des plus fréquentes chez les sujets cacochymes, que les infirmités ont vieillis avant le temps ; aussi doit-on admettre ce genre d'altération dans la plupart des maladies chroniques. Les individus blêmes, bouffis, empâtés, ont les membranes muqueuses dans un état de débilité évidente ; les mucosités abondantes qu'ils évacuent, qu'ils vomissent, qu'ils mouchent, et qui transsudent, pour ainsi dire, du tissu muqueux, prouvent assez la débilité de ce système. Les aliments qu'ils prennent, noyés dans une mucosité glaireuse surabondante, sont mal digérés, donnent lieu à un chyle imparfait, qui accroît encore la source du mal ; l'air, qui n'arrive dans les radicules pulmonaires qu'à travers des parois tapissées d'une couche visqueuse, ne produit qu'une hématose (formation du sang) vicieuse. Le sang veineux s'en retourne des poumons et du cœur sans avoir acquis toutes les qualités artérielles qu'il venait y puiser.

On comprend combien les fonctions vitales doivent languir chez les individus accablés de cet excès de glaires ; les fluides réparateurs, n'acquérant pas les qualités nécessaires,

laissent l'organisme dans un état permanent d'imperfection
et de faiblesse qui peut avoir les suites les plus funestes, si
l'art ou la nature ne viennent promptement à son secours,
en procurant l'évacuation de cette humeur malfaisante, et
en rendant aux membranes la tonicité qui leur est nécessaire pour s'en débarrasser elles-mêmes.

CHAPITRE II.

Symptômes qui indiquent la présence des Glaires.

Beaucoup de personnes demandent sans cesse à quoi
elles peuvent reconnaître si elles ont des glaires. Rien n'est,
ce me semble, plus facile à déterminer. Est-ce que l'expectoration abondante des matières aqueuses, claires et filantes, ne prouve pas suffisamment la présence des glaires? D'ailleurs la sécheresse et l'aridité de la peau, les fréquentes éructations, la pâleur des lèvres, l'enrouement,
l'oppression, la sputation de matières visqueuses, les bor-
borygmes, qui occasionnent des soulèvements d'estomac,
la longueur et la difficulté des digestions, presque toujours
suivies d'un sentiment de pesanteur à la région cordiale,
les douleurs articulaires, les pertes blanches chez les femmes, etc., etc., tous ces symptômes ne démontrent-ils pas
l'existence des glaires?

Chaque homme apporte en lui-même des moyens de con-
servation que la nature lui a donnés, et des agents de
destruction dont la présence n'est que trop bien décelée
lorsqu'une maladie se développe. Des individus en apparence forts, doués d'un tempérament robuste, sont souvent
les premiers qui succombent. Ne voit-on pas tous les jours
des sujets dont la constitution se modifie tout à coup, et
qui, secs et bilieux, semblaient devoir n'être jamais atteints
d'affections humorales, expectorer, dans les temps humides,
une grande quantité de glaires? Celles-ci s'engendrent et
s'accumulent, surtout pendant la nuit, d'une manière effrayante, sur les surfaces bronchiques et trachéales, et déterminent de violents et pénibles efforts de toux, la rupture
des vaisseaux du poumon, des suffocations imminentes,
principalement chez les sujets cacochymes et gras, qui ressentent des affaiblissements de l'estomac, l'apoplexie séreuse, devenue aujourd'hui si commune, la phthisie tuber-
culeuse, etc.

CHAPITRE III.

Des causes qui produisent les Glaires.

Deux ordres de causes concourent à la production et au développement des glaires; les unes sont internes et les autres externes; mais comme les agents extérieurs combinent leur action avec les causes intérieures, il serait difficile de les distinguer. Je vais énumérer seulement celles qui agissent le plus immédiatement sur nous.

Plusieurs de ces causes, intérieures ou extérieures, peuvent favoriser d'une manière extraordinaire et souvent inexplicable la production des glaires. Nous avons déjà dit que leur sécrétion était subordonnée à un changement dans le mode d'action des membranes muqueuses. Toujours elles sont le résultat de la langueur des fonctions de la peau, dont les sécrétions, à cause de l'étroite sympathie qui lie son action à celle des membranes, sont en raison inverse de l'action de ces membranes. Sous ce rapport, toutes les circonstances débilitantes peuvent être considérées comme des causes prédisposantes des glaires; ainsi elles sont en quelque sorte l'apanage de la première enfance et de l'extrême vieillesse. Les femmes y sont plus sujettes que les hommes; les individus d'un tempérament lymphatique y sont spécialement exposés. Elles se manifestent fréquemment chez les sujets faibles ou débilités par des excès; le chagrin, la tristesse et les autres affections pénibles de l'âme, en refoulant les forces de la périphérie au centre, ne sont pas moins propres à y disposer; mais la vie sédentaire, l'oisiveté, la mollesse et le défaut d'exercice en sont les causes les plus puissantes.

Ils connaissaient mieux que nos modernes mécaniciens les lois de l'économie, dit Bichat (*Recherches sur la Vie*), les anciens qui croyaient que les sombres affections s'évacuaient par les purgatifs avec les mauvaises humeurs. En débarrassant les premières voies, ils faisaient disparaître la cause de ces affections. Voyez en effet quelle sombre teinte répand sur nous l'embarras des organes digestifs; quelle tristesse, quelle impatience, souvent même quel dégoût de la vie nous agitent! avec quelle facilité tous ces phénomènes s'effacent aussitôt qu'on a rétabli le cours des fonctions digestives.

CHAPITRE IV.

Erreur des médecins sur l'origine de la plupart des maladies, et sur le traitement et le régime qu'il convient de leur opposer pour les prévenir ou les guérir.

C'est un bien grand scandale pour ceux qui sont familiers avec l'histoire de la médecine que cette divergence d'opinions, que cette versatilité presque continuelle dans les théories médicales.

Peut-on, sans frémir d'effroi, lire les éternelles invectives que se sont adressées de tous temps les médecins qui n'appartiennent pas aux mêmes écoles ou qui ne professent pas les mêmes opinions? Ils se disent tous héritiers des doctrines hippocratiques; ils en appellent sans cesse à l'observation des faits; mais ces faits-là, mais l'observation elle-même, tout utiles qu'ils pourraient être, demeurent sans aucune valeur aux yeux de l'homme judicieux qui s'aperçoit que chacun observe ce qu'il veut observer et ne voit que ce qu'il veut bien voir. Chacun court après une chimère et la réalise à son gré. Que de systèmes, depuis longtemps enfouis dans l'oubli, n'ont - ils pas désolé le monde! De nos jours, nous avons vu les restes d'une médecine active qui moissonnait les malades par milliers en les gorgeant de substances nuisibles, ou tout au moins inutiles. Ces polypharmaques furent remplacés par les partisans d'une doctrine qui rangeait toutes les maladies sans exception en deux classes, et dont le traitement consistait à affaiblir ou à fortifier. Ceux-ci furent suivis des créateurs de la médecine expectante. Plus économes de médicaments, ils se bornaient dans tous les cas à ne donner que des délayants, et à laisser la maladie aller son train jusqu'à ce que le malade fût mort ou guéri; ils ne tuaient pas, il est vrai, mais ils laissaient mourir.

Comme il sera toujours d'usage parmi les hommes de couvrir les plus grandes fautes d'un beau nom, on appela ce genre de traitement *la médecine du symptôme*, c'est-à-dire de ceux qui, sans tenir compte du passé, ni sans rien prévoir de l'avenir, vont au jour le jour, sans nul souci pour la vie du malade.

Que penser de ceux qui faisaient, disaient-ils, de la médecine palliative? qui allaient calmant bien ou mal les accidents avec l'opium, sans étudier la cause des maladies, ou qui employaient aveuglément des moyens insuffisants, sans énergie, qu'ils désignaient sous les dénominations inintelligibles d'*altérants*, d'*incisifs*, d'*atténuants*, d'*apéritifs*, de *discussifs* et d'*incrassants*, etc.? Rares modèle de confusion, d'ignorance et d'obscurité.

Enfin, maintenant, c'est bien pis encore; nous n'avons plus affaire aux médecins superstitieux et grossiers qui avaient une foi vive aux remèdes, ni aux expectants, qui se contentaient de regarder sans agir. On prétend qu'il n'y a qu'une cause unique, et que, par conséquent, il ne doit y avoir qu'une seule manière de guérir, et, malheureusement pour les infortunés malades, c'est dans le sang que la plupart des modernes voient la cause de tous nos maux; c'est le sang qu'il faut, selon eux, évacuer, qu'il faut régénérer. Mais le sang est le produit de la digestion et de la transformation des aliments en chyle, par le troisième travail de la digestion. Dès lors ne sera-t-il pas identiquement formé des mêmes principes que les substances qui contribuent à sa formation? Mais si ces subtances sont de mauvaise nature, et si les fonctions digestives altérées fournissent à ce travail admirable de l'assimilation des sucs gastriques altérés, pense-t-on qu'avec de mauvais matériaux on puisse obtenir de bons produits? Voilà donc ce qui a donné lieu à l'opinion erronée qu'ont adoptée un grand nombre de médecins, d'ailleurs recommandables pour leur savoir et leur expérience. En effet, dans toutes les maladies, ils n'ont vu que des maladies inflammatoires, ils n'ont vu qu'un sang en fermentation, appauvri ou vicié, qu'il fallait évacuer à tout prix; et vite des saignées, des sangsues, jusqu'à extinction des forces vitales!

Eh! mon Dieu, combattez donc le principe avant de combattre le symptôme! Eh! que m'importe que vous m'enleviez un sang vicié, si vingt-quatre heures après je dois me trouver dans le même état, avec la même quantité de sang nouveau également vicié! Enlevez-moi donc avec les glaires la cause première qui le produit de mauvaise nature, et, cette amélioration une fois obtenue, retirez-moi, j'y consens, ce sang vicié qui aggrave mon mal, parce qu'alors je serai en mesure de le remplacer par un sang pur et chargé de principes véritablement réparateurs et vivifiants.

Celui qui a acquis des notions exactes et positives sur les

causes et l'origine de nos maladies appréciera facilement ces panacées universelles qu'un aveugle et cupide empirisme offre chaque jour à la crédulité publique. Mais si les partisans exclusifs de la médecine humorale sont tombés autrefois dans des excès dont le ridicule a fait justice, du moins étaient-ils dans le chemin de la vérité ; car on ne saurait, sans mentir à l'évidence, se refuser à reconnaître que la plupart de nos maladies tiennent à l'altération des humeurs, qu'il faut modifier par le régime ou expulser par des médicaments.

Étranger à tout système, j'ai employé ma vie à la recherche de la vérité. Une foule d'expériences m'ont prouvé qu'il n'y a point de méthode exclusive, et qu'il serait infiniment plus utile, pour le perfectionnement de la médecine et l'avantage des malades, qu'on s'attachât à étudier chaque maladie dans cet esprit, et qu'un médecin y consacrât spécialement son temps et son intelligence. C'est parce que j'ai été pénétré de bonne heure de cette nécessité que je me suis livré exclusivement à l'étude des maladies glaireuses, et que j'ai pu, je l'espère, donner des conseils utiles à ceux qui en sont affectés.

CHAPITRE V.

Du traitement des Glaires par l'Élixir tonique anti-glaireux.

Ceux qui ont avancé que les glaires n'ont, par leur nature, aucune qualité nuisible, sont tombés dans une grande erreur, car l'expérience journalière démontre qu'il y a, au contraire, très-peu de maladies qui ne soient compliquées par cette humeur, qui s'engendre en nous de mille manières, comme je crois l'avoir suffisamment démontré.

Il n'y a rien de plus bizarre, de plus déraisonnable que la série des moyens qui ont été proposés pour combattre les glaires ; on eût dit que ceux qui les avaient conseillés prenaient à tâche de faire le contraire de ce que la nature, qu'il suffit d'aider, réclame dans ces cas-là.

C'est bien mal connaître les procédés de la nature, que d'user de semblables manœuvres, quand, au lieu d'intervertir sa marche, on devrait, au contraire, s'attacher à l'imiter ; car les médecins peuvent-ils ignorer qu'il y a deux mouvements distincts dans le trajet que suivent les glaires pour parvenir à l'extérieur du corps? celui des glaires intestinales, qui a lieu de haut en bas, depuis l'œsophage jusqu'à l'anus, et celui des voies aériennes, qui a lieu de bas en haut, depuis les radicules bronchiques jusqu'à la bouche ou aux narines.

Il faut l'avouer de bonne foi et sans subtilité, il n'y a qu'un seul moyen d'évacuer l'humeur glaireuse, ou, en d'autres termes, de détruire toutes les maladies qu'elle occasionne ; ce sont les laxatifs toniques.

Si, au lieu de répéter sans cesse routinièrement que les purgatifs agissent par indigestion ou par inflammation du tube intestinal, on mettait un peu dans la confidence de leur action les malades que leurs infirmités obligent d'en faire usage, ne serait-ce pas plus utile que de divaguer sans cesse? Et il n'y aurait en cela rien que de très-raisonnable ; car ceux-là qui ont fait un très-grand usage des purgatifs sont, plus que d'autres, en état d'en apprécier les effets et de protester contre une théorie aussi erronée.

On peut comparer aux aliments dont l'homme se nourrit, les purgatifs de la classe de l'*Élixir tonique*, avec cette seule différence qu'ils ne substantent pas, mais qu'ils évacuent au contraire. Ils subissent un effet identique pendant leur séjour dans l'estomac et dans les intestins. Après avoir été digérés, ils sont assimilés à toute l'économie, parcourent tout l'appareil circulatoire, le cœur, les poumons, etc, pénètrent toutes les parties de notre être; ils en évacuent la corruption et les parties hétérogènes ; ils exaltent toutes les fonctions, bien loin de les diminuer comme le croit le vulgaire des médecins ; enfin après avoir pénétré à travers les émonctoires, ils expulsent la matière glaireuse soit par une transpiration abondante, soit par des évacuations intestinales.

Mais on aurait grand tort de croire que les purgatifs n'agissent que sur les intestins seulement. Je le demande, comment ferait-on dans les maladies du cerveau, de la poitrine, du foie, etc., où l'on fait un si salutaire usage des purgatifs, si ce moyen n'était que local et borné? Il faudrait être parfaitement étranger à toutes les lois de l'économie animale pour ne pas être convaincu que depuis le morceau de pain que l'homme introduit dans son corps pour prolonger sa vie jusqu'au remède le moins actif, en apparence, qu'il prend pour rétablir sa santé, tout est soumis au même mouvement d'absorption et d'assimilation.

Loin de moi cependant la pensée de présenter l'Elixir antiglaireux comme une panacée universelle, un remède unique pour tous les maux. Une pareille prétention serait indigne d'un homme de sens et de raison ; elle serait d'ailleurs démentie par l'expérience.

Dans le cours de cette brochure, j'aurai l'occasion de le démontrer ; car toutes les fois qu'une maladie glaireuse sera compliquée d'une lésion organique ou d'un *virus spécial*, comme cela a lieu dans la goutte et le rhumatisme, dans les hydropisies et les battements de cœur, dans les affections dartreuses ou syphilitiques, etc., etc., j'aurai soin de signaler les médicaments qu'il sera nécessaire de donner pour auxiliaires à l'Elixir, afin d'obtenir une guérison plus sûre et plus prompte.

Manière de se servir de l'Élixir tonique anti-glaireux.

Pour bien administrer un purgatif il faut choisir le temps où l'on a la nature pour soi ; car un remède quelconque ne doit être que l'aiguillon des forces vitales. Il est, par conséquent, très-sage de s'en abstenir dans la période ascendante des redoublements et des exacerbations de la maladie, parce que les mouvements de contractilité et de tonicité s'exécutent alors avec trop d'agitation et de tumulte ; telles sont les fluxions de poitrine, les inflammations du ventre, les fièvres continues. Cependant il est des cas où la nature balance, et se trouve, pour ainsi dire, en suspension. Souvent alors un laxatif suffit pour déterminer le cours des humeurs par les voies les plus convenables ; c'est ce que j'ai observé une infinité de fois pour les complications glaireuses, comme je le démontrerai par les observations qui seront placées à la fin de cette brochure.

Le jour où l'on prend l'Elixir, on ne doit pas se mettre à la diète. On doit au contraire faire ses repas comme d'habitude et ne pas se priver de vin. Il suffit de s'abstenir de crudités, de salade et de légumes difficiles à digérer.

La quantité qu'on doit en prendre est proportionnée à l'âge, au sexe et à la gravité des accidents. La dose ordinaire est de deux a trois cuillerées, pur ou délayé dans quelques cuillerées d eau fraîche. On peut en prendre une cuil-

lerée le soir en se couchant et deux le lendemain matin. Il
est bien, pour dissiper l'amertume que quelques personnes
ressentent à la gorge après l'avoir bu, de prendre, après
chaque cuillerée, quelques gorgées d'eau fraîche, de bouil-
lon aux herbes, de *thé très-léger*, ou de tisane quelconque.

Chaque cuillerée doit être prise séparément, à un quart
d'heure d'intervalle ; on ne doit prendre la seconde que
lorsqu'on sent que la première est passée. Pendant l'action
de l'Élixir, il faut prendre quelques demi-verres de l'une
des boissons ci-dessus indiquées, pour en faciliter les résultats.

Il faut éviter, autant que possible, de rester couché ou de
s'endormir quand l'Élixir fait son effet. — Il vaut mieux se
lever, marcher et vaquer à ses occupations ordinaires.

Il faut également éviter de se refroidir ou de s'exposer à
l'humidité.

Les enfants au-dessous de douze ans, qui digèrent mal,
dont l'estomac et les intestins sont toujours surchargés de
mucosités glaireuses, devront en prendre, le matin à jeun,
une cuillerée à bouche, pur ou étendu dans une égale quantité d'eau sucrée.

Les enfants pâles, blafards, dont le ventre est gros, qui
ont des glandes et une disposition marquée aux scrofules,
doivent en prendre 1 ou 2 cuillerées à une heure d'intervalle l'une de l'autre, jusqu'à ce qu'ils aient été à la garde-
robe ; car on ne saurait trop souvent débarrasser leurs intestins des glaires qui s'y accumulent, et qui finissent par
engorger les glandes du mésentère, leur donner des vers,
le carreau, etc.

Les jeunes demoiselles dont la menstruation s'établit difficilement pourront prendre l'Élixir étendu dans l'eau rouil-
lée (on la fait en mettant huit à dix clous infuser pendant
vingt-quatre heures dans une pinte d'eau).

Les sujets qui éprouvent quelques-uns des symptômes
qui ont été décrits dans les chapitres précédents, tels que
l'oppression, une toux grasse, du dégoût pour les aliments,
des douleurs de ventre, des étourdissements, presque toujours précurseurs de l'apoplexie séreuse, etc., doivent, sans
hésiter, faire le traitement anti-glaireux, qui consiste à prendre de deux à cinq cuillerées à bouche, le matin à jeun,
jusqu'à ce qu'il survienne quelques selles, une cuillerée à
café demi-heure avant le repas, et une autre cuillerée à

café le soir, au moment du sommeil, afin d'entretenir le ventre constamment libre, et cela autant que la cause subsistera, jusqu'à ce que tous les accidents soient dissipés, en laissant seulement, chaque semaine, un ou deux jours de repos.

Il est très-rare qu'on ne soit pas promptement soulagé. Nous avons vu souvent des maladies opiniâtres et réputées incurables guéries radicalement en deux ou trois mois de son usage.

On peut manger une heure après la dernière évacuation, et même, quand les évacuations ne surviennent pas au bout de deux heures, on fait bien de prendre un potage maigre qui les détermine promptement. On doit, comme nous l'avons déjà dit, se livrer à ses occupations; c'est un avantage que ne présente aucun autre laxatif, car ils obligent tous à garder la chambre.

N. B. Si l'on vomissait la première cuillerée, ce qui arrive quelquefois aux enfants ou aux personnes qui n'ont pas l'habitude des médicaments ou qui ont l'estomac rempli de glaires, il faudrait en prendre une autre immédiatement, se tenir couché, la tête haute, et ne rien boire après ; au moyen de ces précautions on ne vomit plus.

CHAPITRE VI.

Énumération des maladies occasionnées par les Glaires.

Les causes des maladies sont bien moins nombreuses qu'on ne le pense, et que ne sembleraient le dénoter les nomenclatures brillantes ou variées dont les médecins, en guise d'innovations savantes, ont décoré certaines affections. Ces causes sont de deux sortes : *intérieures* et *extérieures*.

D'après les savantes observations des physiologistes les plus distingués de tous les temps, les causes intérieures proviennent : 1º de l'altération des humeurs dégénérées, et de leur introduction dans la circulation générale: c'est le plus grand nombre ; 2º de l'altération du sang et des vaisseaux sanguins : ce sont les maladies inflammatoires ; 3º de l'altération des vaisseaux et des ganglions lymphatiques, et des faisceaux nerveux : ce sont les maladies connues sous le nom de névroses et de lymphoses, ce sont aussi les maladies scrofuleuses.

Ce n'est donc pas la maladie qui a pris son siége dans telle ou telle partie de nous-mêmes, mais bien une humeur viciée qui y a été entraînée et déposée par le torrent de la circulation.

Les causes extérieures proviennent de l'inoculation, ou de l'introduction, d'un virus ou d'un principe morbide quelconque dans l'économie animale. Ainsi s'engendrent les affections dartreuses, herpétiques, ou syphilitiques, et une foule d'affections mal définies dont on ne pourrait autrement indiquer la cause ou l'origine, et qui se développent à des époques très-éloignées du jour où le germe en a été déposé.

Elles proviennent aussi d'une réaction de l'air froid et humide sur la peau, lorsqu'on est en moiteur; de là les fluxions de poitrine, les douleurs rhumatismales, etc., etc.

Il arrive assez souvent qu'une maladie, d'abord locale, devient générale par l'influence sympathique que l'organe primitivement affecté exerce sur le reste de l'économie, et du trouble qui en résulte dans toutes les fonctions; il arrive encore que les symptômes d'une affection restent cachés, et ne deviennent apparents que lorsque la lésion a été assez forte pour déterminer une maladie générale.

Voilà ce qui induit en erreur la plupart des médecins de nos jours, qui ne veulent jamais remonter à la source, et qui se laissent captiver par la gravité, plus ou moins considérable, de quelques symptômes locaux et apparents. Ainsi, l'irritation de l'estomac ou du tube intestinal, pour peu qu'elle soit intense (on sait que cette irritation ne provient jamais que de l'introduction de quelque substance indigeste, irritante, ou de l'accumulation des glaires dans cet organe), retentit à l'instant dans le cerveau, dans les poumons, dans le cœur, à la peau, dans les organes sécréteurs, trouble toutes les fonctions, et devient une maladie générale.

CHAPITRE VII.

Maladies Bilieuses.

Lorsque les glaires s'accumulent dans le tube intestinal, elles tapissent la membrane muqueuse de cet organe comme le ferait un vernis, de sorte que les papilles muqueuses qui les garnissent se trouvent comme paralysées, que les bouches absorbantes de tous les vaisseaux lymphatiques qui y aboutissent sont obstruées, que les sécrétions muqueuses chylifères se font imparfaitement, que les sucs gastriques ne se mêlent pas aux aliments pour en opérer l'assimilation ou la digestion, que le foie et la rate s'obstruent, s'engorgent ou s'irritent, que la peau devient sèche et brûlante, qu'une constipation opiniâtre survient, et que si la nature, par un effort salutaire, ne produit *une de ces débâcles connues sous le nom de débordement de bile*, on voit surgir immanquablement une maladie grave bilieuse, telle que l'inflammation violente du foie et de la rate, la jaunisse, les fièvres malignes, putrides ou typhoïdes, les calculs biliaires, le choléra, les maladies noires, les névroses incurables, le spleen, le dégoût de la vie, la tendance au suicide, enfin, ces terribles affections morales qui rendent le malade insupportable à lui-même et à ceux qui l'entourent.

Comment prévenir ces désordres ? Rien n'est plus facile. Le matin, lorsqu'en examinant la langue on la trouve couverte d'un enduit muqueux jaunâtre ou verdâtre, qu'on sent à la gorge un sentiment d'âcreté et de constriction, que la bouche s'emplit involontairement d'une quantité de glaires acides ou *mordicantes*, qu'on éprouve une chaleur brûlante à l'estomac, une douleur sourde au foie et à la rate, on peut être sûr qu'une des maladies graves qu'on vient d'énumérer est imminente, que la bile se sécrète et s'introduit dans le sang en quantité immodérée et disproportionnée, et qu'il faut se hâter d'y porter remède en faisant le traitement antiglaireux complet, tel qu'il est indiqué page 18 de cette brochure.

Aigreurs d'estomac, digestions difficiles, indigestions.

C'est principalement le matin que ceux qui sont sujets à la pituite ressentent le besoin de l'expectorer. Mais comme la matière glaireuse ne peut en sortir en totalité, celle qui reste dans l'estomac après avoir été ébranlée, l'irrite, cause un agacement considérable des nerfs, et trouble la digestion. C'est en vain qu'on donne, pour guérir cette disposition, de la magnésie, des acides, des pastilles de Darcet, des eaux gazeuses; tout cela demeure sans effet, jusqu'à ce que l'on évacue avec l'Elixir antiglaireux. Cette vérité sera démontrée si l'on a l'attention d'observer les excréments : on y trouvera des matières filantes et recuites, qui ne sont autre chose que les glaires qui se seront détachées de l'estomac par l'effet tonique de l'Elixir. On le prend le matin, à jeun, aux doses et de la manière indiquées plus haut ; pour faciliter la digestion, on fera bien d'en prendre une cuillerée à café une demi-heure avant le repas. Dans le cas d'indigestion, il faut en prendre une ou deux cuillerées à bouche, même immédiatement après avoir mangé.

Coliques.

Les coliques ont toutes la même cause, mais la matière qui les produit attaque diversement les entrailles. Le seul traitement efficace des coliques consiste dans l'évacuation de la matière glaireuse qui les occasionne. Sans doute les lavements émollients, laudanisés ou huileux, l'application des topiques chauds, des cataplasmes opiacés sur le ventre, peuvent être d'un grand secours, et même nous les recommanderons ; mais nous ne saurions trop le répéter, il faut toujours procurer l'expulsion au dehors des matières recuites qui agacent les intestins, et finissent par donner des dyssenteries difficiles à guérir.

Il faut prendre l'Elixir à la dose de deux ou trois cuillerées par jour jusqu'à parfaite guérison. Pendant l'accès on se trouve bien d'en prendre une ou deux cuillerées dans un lavement fait avec de la guimauve et une ou deux têtes de pavot.

Il est une autre variété de la colique, qu'on a appelée *venteuse*. Elle a pour cause la plénitude humorale et un dégagement considérable de gaz dans le tube intestinal, qui dilatent ce conduit, et le tiraillent douloureusement.

On croit guérir cette maladie avec les remèdes échauffants dits *carminatifs*, les infusions chaudes de camomille, d'anis, l'eau de mélisse, etc. On se trompe ; pourquoi ne pas saper le mal dans son principe, en titillant légèrement les intestins avec des laxatifs légers tels que l'Élixir tonique, bien préférable aux sels et aux huiles qu'on donne dans ce cas, puisque les flatuosités dépendent de l'encombrement de fluides élastiques ou d'une débilité des intestins ?

De la Diarrhée ou Dyssenterie.

Le grand nombre des médecins attribuent la diarrhée à une simple irritation intestinale et se contentent d'ordonner quelques boissons rafraîchissantes, quelques cataplasmes et lavements opiacés ou astringents ; ils recommandent surtout d'éviter avec soin les purgations.

A mon avis, les médecins se trompent. Les lavements astringents ne font, comme on dit vulgairement, que renfermer le loup dans la bergerie.

En effet, qui donc peut produire cette irritation intestinale, si ce n'est une pléthore humorale, et la transformation des sucs gras, huileux et sains que la nature fait sécréter par la membrane muqueuse qui tapisse les intestins, afin d'humecter cette membrane pour faciliter ses fonctions et rendre les déjections plus faciles, en sucs âcres, viciés et corrompus, qui sont expulsés au dehors par un effort salutaire de la nature?

Empêcher ces sucs viciés de sortir, c'est aggraver la maladie; c'est provoquer des désordres incalculables; c'est aboutir à la dyssenterie pestilentielle, à la fièvre typhoïde.

Pourquoi contrarier la nature, pourquoi ne pas se hâter comme elle d'expulser ces fluides empoisonnés en administrant des doses fréquentes d'Élixir? Est-ce que si l'incendie dévorait une maison, on ne s'empresserait pas d'en retirer toutes les matières inflammables qui pourraient l'entretenir ou le développer? Est-ce que la diarrhée n'est pas un symptôme qui annonce que l'incendie est dans les entrailles, et qu'il faut se hâter d'en expulser les humeurs enflammées qui l'entretiennent? Je peux le dire sans crainte d'être démenti, j'ai rarement vu la diarrhée la plus grave résister à quatre ou cinq jours de traitement par l'Élixir tonique antiglaireux. On le prend aux doses ordinaires trois ou quatre jours de suite, et puis, on se repose quelques jours. Pendant les jours de repos, on boit quelques boissons rafraîchissantes de riz ou de gruau, et on prend quelques lavements froids avec les mêmes boissons.

Maladies du Foie et de la Rate.

Le foie et la rate sont deux des organes les plus importants de la machine humaine. Ils sont chargés d'élaborer et de fournir la bile nécessaire à cette partie du travail de la digestion qui s'opère dans le *duodénum*. L'état sain ou maladif de ces deux organes a donc une influence immense sur la santé, car il n'est pas de bonne digestion possible si la bile qui y concourt n'est pas saine elle-même, et sécrétée dans les proportions fixées par la nature.

Mais que de causes viennent troubler la régularité de cette sécrétion ! Sans parler des causes physiques, à chaque

instant, dans la vie, les impressions morales, la frayeur, la
colère, les chagrins violents, ne viennent-ils pas altérer
profondément les organes sécréteurs ? La bile qu'ils fournissent, alors, n'est-elle pas imprégnée de principes inflammatoires, qui pénètrent d'abord dans le chyle, et par le
chyle dans le sang et dans la circulation générale ?

Mais s'il n'en était pas ainsi, qui donc produirait ces
ictères ou jaunisses qui se déclarent quelquefois instantanément ; les calculs biliaires qui se forment dans le vésicule,
et dont l'expulsion est si douloureuse ; puis encore, les fièvres bilieuses, muqueuses, putrides, les dyssenteries meur-
trières, les affections nerveuses de toutes sortes, le dégoût
de la vie et cette tendance irrésistible au suicide qui entraîne
les caractères les plus énergiques ?

Mais alors, pourquoi donc, aussitôt qu'on éprouve les
premiers symptômes de l'affection bilieuse, ne pas en prévenir les suites, en prenant quelques cuillerées d'Élixir,
puisque l'Élixir est si efficace, et agit si promptement,
qu'on pourrait presque dire qu'il est le seul remède qui
puisse déplacer sans danger l'irritation du foie et de la rate,
en extraire sans fatigue et sans redoubler l'inflammation,
la bile qui en déborde, enfin, ramener à leur état normal les
fonctions de ces deux organes si cruellement altérées ?

Mais à quels signes reconnaître que le foie et la rate vont
devenir malades ? Cela devient évident, pour quiconque
veut l'observer un peu : lorsque la langue commence à se
couvrir d'un enduit muqueux, jaune ou verdâtre, lorsque la
bouche est sèche, et la salive rare, et qu'on sent à la gorge
altérée une constriction involontaire, et à l'épigastre une
chaleur brûlante comme si on y éprouvait le contact d'un
fer chaud ou d'un acide corrosif : lorsque le tour des yeux
et le blanc de l'œil lui-même se colorent d'une teinte jaune ;
lorsqu'on éprouve soit au dos, entre les épaules, soit au
foie et à la rate, des douleurs aiguës qui passent d'abord
comme un éclair et deviennent ensuite persistantes et profondes, etc., etc.

De l'Ictère ou Jaunisse.

La maladie qui résulte ordinairement de l'inflammation
du foie ou de la rate a reçu le nom d'Ictère ou jaunisse,
parce qu'elle se manifeste par un épanchement considérable
de bile dans la circulation générale, et que la peau prend,

par suite, une teinte générale jaune, verdâtre, dont l'intensité correspond à la violence de l'inflammation. Elle se déclare d'habitude après une commotion profonde de chagrin, de frayeur ou de colère, et presque subitement.

Lorsque l'inflammation du foie n'est pas trop profonde, la jaunisse se guérit par quelques doses d'Elixir prises sans interruption pendant quelques jours, et par quelques bains pris à la suite de l'Elixir. Il faut mettre dans chaque bain deux livres de sel de soude. Il faut boire aussi pendant quelques jours trois à quatre verres d'eau naturelle ou artificielle de Vichy.

CHAPITRE VIII.

Des fièvres en général.

Il y a différentes sortes de fièvres. Les unes, quoique intenses, sont la conséquence d'une lésion organique, et cessent lorsque la lésion perd de son intensité ou disparaît. Nous ne nous en occuperons pas.

Les autres sont particulières à certains climats, et y sévissent en permanence ; d'autres encore sont épidémiques et pénètrent d'une manière mystérieuse et sans cause appréciable dans des pays qui, par leur position géographique et leur état sanitaire habituel, en devaient être préservés.

On donne à ces diverses fièvres les noms de fièvres des marais ou fièvre intermittente, de typhus, de choléra, de fièvre jaune, de fièvres bilieuse, putride, maligne, etc.

Nous passerons en revue ces diverses fièvres, et nous en indiquerons la cause et le traitement.

Fièvre des marais ou fièvre intermittente.

Il y a des contrées que la fièvre intermittente ne quitte jamais, et où elle décime les populations dans des proportions effrayantes, et pour ainsi dire par coupes réglées.

Cela est pénible à dire, mais cela est vrai, on y voit des personnes qui passent leur vie entière en proie à une fièvre permanente que rien ne peut guérir. Cela se voit en France, dans les marais de la Sologne, de la Picardie, de la Camargue, du Poitou et de la Bretagne, dans le voisinage des marais salants ; en Angleterre, dans les comtés de Lincoln et d'Essex, dans les districts des mines, dans les grands centres manufacturiers ; dans les pays bas et marécageux de la Hollande et de la Flandre ; aux bords de la mer et des grands fleuves de l'Inde, de la Chine, des deux Amériques du Nord et du Sud, du Brésil, de l'Asie, etc., etc., lorsque le soleil soulève des masses de miasmes délétères, des eaux fangeuses et croupies.

Comment, sous ces émanations pestilentielles, la fièvre se développe-t-elle avec une intensité si grande et une tendance si énergique à résister aux remèdes les plus puissants ?

L'air empesté par ces miasmes pénètre dans les poumons ; le sang, qui est lancé dans ces organes pour y venir puiser l'air pur et vivifiant qui lui est nécessaire, n'y rencontre qu'un poison délétère, qu'il entraîne, par le torrent de la circulation, dans toutes les parties du corps ; et il y dépose en même temps le germe de cette fièvre abominable, qui rendra bientôt l'homme le plus robuste un objet de pitié et d'effroi, dont le corps se décharne et se dessèche, dont l'énergie décroît avec les forces, et qu'une soif inextinguible dévore.

Traitement de la fièvre intermittente.

Lorsque la fièvre intermittente envahit un pays, le premier soin doit être de recourir aux précautions hygiéniques les plus sévères. Le fiévreux doit d'abord quitter le pays si ses moyens et sa condition le lui permettent ; ensuite, si la fatalité le condamne à y rester, il doit assainir son habitation et son entourage. Il doit chercher à faire écouler les eaux stagnantes et reporter au loin les fumiers et les substances organiques en putréfaction qui l'entourent. Il doit, matin et soir, allumer de grands feux pour purifier et décomposer l'air. Il doit laver fréquemment son habitation et ses vêtements ; il y brûlera du genièvre ou des substances aromatiques ; il aspergera de chlore ou de chaux délayée dans l'eau les planchers et les murs des étables et de l'habitation ; il recourra à une nourriture fortifiante, il évitera les crudités et les aliments malsains ; il se fera des ablutions fréquentes sur tout le corps avec de l'eau froide, dans laquelle il aura fait fondre une bonne poignée de sel marin et infuser une égale quantité d'herbes aromatiques, etc., etc.

S'il est exposé à quelques évacuations bilieuses ou glaireuses, il aura soin, comme préservatif, de faire toutes les semaines, une ou deux fois, usage de l'Élixir pour enlever du corps toutes les matières qui pourraient servir d'aliments à la fièvre.

Si, malgré ces précautions, la fièvre se déclare, il devra

changer de lieu et se transporter dans un autre canton ; puis user, trois ou quatre jours de suite, de l'Elixir à une dose de deux à trois cuillerées par jour. Si la fièvre revient à des heures fixes, il aura soin de prendre son repas assez tôt pour que, trois heures au moins après avoir mangé et trois heures avant l'heure de l'accès de fièvre, il ait pu prendre deux ou trois cuillerées d'Élixir dans la forme ordinaire. Quelquefois, dès le premier jour, l'accès sera reculé ; il est rare qu'il n'en soit pas ainsi le troisième ou le quatrième jour, et même qu'il ne disparaisse pas entièrement.

On doit se reposer deux jours, en se contentant de boire quelque boisson tonique, par exemple, de l'infusion de quinquina, de gentiane ou au moins de petite centaurée. Si au bout de deux jours de repos, la fièvre revient, il faudra recommencer le traitement de la même manière jusqu'à parfaite guérison. On pourra y ajouter l'usage de cinq à six grains par jour de sulfate de quinine, pris à la manière ordinaire.

Fièvres malignes, putrides, pernicieuses et Typhus.

Ordinairement, ces sortes de fièvres se compliquent d'une affection ou irritation de la rate et du foie, et d'ulcérations dans la muqueuse intestinale. Les émanations pernicieuses et le mauvais air les compliquent ou les causent. Elles se développent dans les hôpitaux encombrés, les ateliers mal aérés, dans les endroits où l'air est vicié par une trop grande quantité d'individus ou par une aération insuffisante. Elles se développent encore par les temps d'orage et de température élevée, et par suite d'excès de travail, de chagrin, etc., etc. Ces fièvres ne laissent au malade aucune intermittence de repos ou de suspension dans les accès.

Il est évident qu'il y a dans tous les liquides contenus dans le corps humain une fermentation pernicieuse qui les décompose, et que le meilleur moyen de faire cesser cette décomposition, c'est d'enlever au corps une masse de sérosité glaireuse dont la surabondance servirait d'aliment à la maladie. Les précautions hygiéniques que nous avons indiquées, telles que le changement d'air et de lieu, la purification et l'assainissement des habitations et des milieux dans lesquels on est obligé de vivre, doivent être employées sans délai ; il faut en outre employer l'Élixir et les boissons toniques ou fortifiantes comme il a été dit au chapitre précédent.

Fièvre jaune.

La Fièvre jaune est une maladie terrible, qui se développe, chaque année, sous l'influence d'une température élevée et de certaines émanations pestilentielles, dont la cause est inconnue, dans quelques provinces de l'Inde, du Brésil, des deux Amériques et même d'Europe.

La fièvre jaune se manifeste par des vomissements et des déjections de couleur rouge ou noirâtre et par des transpirations rouges, qui donnent à la peau une couleur jaune-verdâtre, semblable à celle d'une ecchymose.

On dirait que tous les vaisseaux sanguins des malades sont successivement frappés d'une atonie profonde, et que le sang qu'ils contenaient s'épanche au dehors par tous ceux de leurs orifices qui aboutissent à la peau et au canal intestinal.

Pour guérir la fièvre jaune, il faut relever le malade de l'atonie qui l'a frappé et arrêter la perte du sang. Il faut agir sur le tube intestinal et sur la peau.

A *l'intérieur*, on administre de trois à cinq cuillerées d'Élixir par jour, à une demi-heure d'intervalle l'une de l'autre, pendant plusieurs jours de suite, et on fait prendre une légère décoction de quinquina à laquelle on ajoute deux ou trois gouttes de chlorure de chaux liquide pour chaque tasse de décoction.

Au moyen de l'Elixir, les vaisseaux et les ganglions lymphatiques, fortement stimulés, appellent à eux le sang que les vaisseaux sanguins laissaient échapper; la perte du sang s'arrête, et la maladie cède après quelques jours de traitement.

Ainsi, dans la dernière épidémie qui, en 1854, a désolé la Nouvelle-Orléans, le Brésil et surtout Rio de Janeiro, presque tous les malades qui ont employé l'Elixir, au début de la maladie, ont échappé à la terminaison funeste qui frappait ceux qui n'en faisaient pas usage.

A *l'extérieur*, on ranime le malade par des lotions d'alcool ou d'eau de Cologne camphrés, mêlés à un quart de leur poids de chlorure de chaux liquide; et par quelques bains froids fortifiants.

Il est entendu que l'usage de l'Élixir ne dispense pas des autres mesures de précaution et d'hygiène, telles que le changement d'air et de lieu, les fumigations désinfectantes et l'observation du régime le plus sévère.

Choléra-morbus.

Depuis que le Choléra est devenu endémique dans nos climats, tout le monde connaît les symptômes qui le caractérisent et les nombreuses victimes qu'il moissonne.

Si la Fièvre jaune est une atonie générale des vaisseaux sanguins, le Choléra est une atonie générale des glandes et des vaisseaux lymphatiques. Sous l'influence de cette atonie, le cholérique voit s'échapper par la peau, sous forme de transpiration froide et gluante, et par les intestins, sous forme de déjections blanchâtres et grumeleuses, tous les fluides lymphatiques contenus dans ces vaisseaux..

Les crampes qui torturent les malades, proviennent de la contraction imprimée aux muscles par la perte des sucs lymphatiques qui étaient destinés à les humecter et à leur donner de la souplesse.

Il faut traiter le Choléra comme on a traité la fièvre jaune : intérieurement par l'Élixir et les boissons excitantes ; extérieurement par les frictions stimulantes qui ramènent la chaleur et la vitalité à la peau.

Aussitôt que le Choléra se déclare, il faut donner aux malades une demi-cuillerée d'Élixir de quart d'heure en quart d'heure, jusqu'à ce que les vomissements et les déjections aient changé de nature, ou bien qu'ils aient complétement cessé. On peut pousser la dose, dans le paroxysme violent de la maladie, jusqu'à six, huit et même dix cuillerées à bouche par jour, et recommencer le lendemain si les accidents n'ont pas cessé.

Aussitôt que l'Élixir produit son effet curatif, les crampes cessent, le malade retrouve du calme, et s'endort quelquefois d'un sommeil réparateur, qu'il ne faut pas trop laisser prolonger.

Quand les symptômes graves du Choléra ont disparu, on doit diminuer la dose d'Élixir ; on en donne trois ou quatre cuillerées à café au plus par jour. Il ne faut pas provoquer de nouvelles selles, il suffit de stimuler légèrement le malade pour empêcher l'atonie de se reproduire.

On donne en même temps quelques petites tasses de boissons stimulantes, composées d'infusion de camomille, de menthe, de tilleul ou de toute autre substance du même genre. Ces boissons doivent être prises très-chaudes et additionnées d'eau-de-vie, de rhum, ou d'un vin généreux.

Quand le Choléra n'est pas foudroyant, ordinairement il

est précédé de quelques déjections diarrhéiques, qui durent plusieurs jours, avant la transformation de l'épidémie en *Choléra grave*.

On redoute dans ces moments de recourir à des purgatifs du genre de l'Élixir. Nous blâmons cette répugnance, et, pour justifier notre blâme, nous rappelons ce que nous avons dit à l'article diarrhée ; car la cause qui complique la diarrhée *prodromique* du choléra est la même qui produit la diarrhée ordinaire, seulement elle est surexcitée par l'influence occulte de l'épidémie régnante.

L'expérience l'a prouvé, dans les épidémies de 1832, 1849 et 1854 : sur cent malades qui ont été attaqués par les prodromes précurseurs du Choléra, avec l'Élixir, quatre-vingt-quinze ont échappé à la terminaison funeste de la maladie. Avec les autres médications, les malades sont morts dans une proportion effrayante.

Il suffira de quelques doses d'Élixir à des intervalles de plus en plus éloignés, pour compléter la guérison, surtout si le malade a recours à des soins d'hygiène convenables et à un régime fortifiant dirigé avec intelligence.

CHAPITRE IX.
Des Hémorrhoïdes.

Définition des Hémorrhoïdes. En médecine, on entend par Hémorrhoïdes un engorgement variqueux des veines et des artères du gros intestin, nommées veines et artères hémorrhoïdales.

Les Hémorrhoïdes sont sensibles à l'extérieur de l'intestin par des granulations de grosseur variée, qui se forment à la marge de l'anus ; et à l'intérieur, par une douleur vive et brûlante, qui double quand on est assis, et souvent empêche de s'asseoir, et qui devient intolérable au moment des garde-robes, par les efforts, souvent infructueux, que l'on est obligé de faire pour les accomplir. Les Hémorrhoïdes sont quelquefois sèches, ce sont les plus douloureuses ; elles sont aussi quelquefois saignantes ou purulentes.

Traitement des Hémorroïdes.

Il est de deux sortes : 1° Curatif. 2° Préservatif.

Traitement curatif.

Aussitôt que les Hémorrhoïdes se manifestent, il faut immédiatement, si cela se peut, faire cesser la cause qui les a produites, recourir à des lavements froids d'eau ou de lait légèrement opiacés; répéter ces lavements plusieurs fois de suite, jusqu'à ce que les douleurs soient calmées; puis, enduire les Hémorrhoïdes, tant internes qu'externes, avec du Baume anti-hémorrhoïdal de notre pharmacie.

Si les Hémorrhoïdes persistent plus de deux jours, il faut sans hésitation recourir à l'usage de l'Elixir tonique anti-glaireux. Cet Élixir doit être pris à jeun, à la dose de trois à quatre cuillerées dans une matinée; chaque cuillerée séparément dans un demi-verre d'eau fraîche, à un quart d'heure d'intervalle; il sera utile de boire quelques verres d'eau ou de boisson rafraîchissante, pendant que l'Élixir produira son effet.

L'Élixir doit agir comme purgatif, et provoquer des selles abondantes; plus celles-ci seront nombreuses, plus vite le soulagement viendra. Le premier jour, les évacuations seront peut-être fatigantes et douloureuses; mais lorsqu'elles seront terminées, les douleurs diminueront et probablement cesseront sous l'influence des lavements froids opiacés et d'une application de Baume anti-hémorrhoïdal.

L'Élixir doit être continué deux ou trois jours de suite.

Traitement préservatif.

Les Hémorrhoïdes proviennent ordinairement d'un tempérament bilieux et sanguin, d'une constipation habituelle, de la sécheresse de l'intestin, d'une résistance trop prolongée aux besoins des garde-robes, d'une perturbation dans les fonctions de la peau, de la suppression d'une transpiration habituelle ou d'un exutoire, de la répercussion d'une affection cutanée, d'une vie trop sédentaire et du manque d'exercice chez les hommes de bureau ou de cabinet, du temps critique chez les femmes, de l'abus de certains purgatifs, d'une vie agitée par les excès et les chagrins, et d'une foule d'autres causes qu'il serait trop long d'énumérer ici.

Indiquer les causes qui produisent les Hémorrhoïdes, c'est dire que tous les efforts des malades doivent tendre à les faire cesser, et que, pour en atténuer les conséquences, il faut recourir à un régime rafraîchissant, aux grands bains fréquents et prolongés, à des lavements froids additionnés d'huile pour empêcher l'endurcissement et l'accumulation des matières fécales dans l'intestin; à un exercice suffisant pour entretenir ou rétablir les fonctions de la peau; à la suppression des excès de tous genres, des mets trop succulents ou excitants, des vins généreux, du thé, du café et des liqueurs fortes ; puis enfin à l'usage de quelques boissons délayantes et de l'Elixir tonique antiglaireux.

L'Élixir est surtout nécessaire, si les Hémorrhoïdes se présentent à des époques régulières dans le mois. Il doit être pris trois ou quatre jours avant l'époque habituelle de l'apparition des Hémorrhoïdes, et pendant trois jours de suite, afin de prévenir leur formation.

Observations.

L'usage des sangsues au fondement et des bains de pieds à la moutarde, que l'on conseille dans l'espoir de faire descendre le sang et d'opérer un vide, produit souvent un effet tout contraire. Il est prudent de ne pas employer ce moyen.

Est-il convenable de chercher à supprimer les Hémorrhoïdes, quand elles surviennent à des périodes régulières et pour ainsi dire mensuelles? Oui, si l'on a soin de faire au préalable, le traitement préservatif par l'Élixir antiglaireux. Non, si l'on ne fait pas usage de cet Élixir : car les Hémorrhoïdes sont quelquefois un dérivatif puissant fourni par la nature, et il serait dangereux de supprimer ce dérivatif sans l'avoir fait précéder d'un autre plus utile, moins dangereux et moins douloureux, en un mot, sans avoir auparavant employé l'Elixir antiglaireux, comme nous venons de le dire.

Doit-on respecter les Hémorrhoïdes lorsqu'elles sont permanentes? Non, il ne le faut pas, et l'on doit, au contraire, chercher à les faire disparaître, en prenant les précautions convenables, car les Hémorrhoïdes finissent par dégénérer en une maladie grave, comme la fistule de l'anus ou le cancer de l'intestin, souvent impossible à guérir, et qui peut avoir les conséquences les plus malheureuses.

CHAPITRE X.

Maladies de poitrine.

Les organes contenus dans la cavité pectorale *sont les Poumons et le Cœur*, c'est-à-dire les plus importants organes de la vie. C'est par le cœur et les poumons que s'opère le grand acte de la respiration et de la vivification du sang, c'est par le cœur que le sang est lancé dans les poumons pour s'imprégner de la quantité d'air nécessaire à la vie.

Si l'un ou l'autre de ces deux organes éprouve une altération ou maladie quelconque, là vie sera mise en danger ; et cependant qu'y a-t-il de plus fréquent que les maladies de Poitrine, les Pleurésies, les Pneumonies, les Rhumes, Toux, Catarrhes, Asthmes, la Phthisie pulmonaire ou consomption ; que les maladies du cœur, les Palpitations, les Syncopes et les maladies nerveuses qui en découlent, etc. ? Nous allons passer en revue ces différentes affections.

De la Pneumonie et de la Pleurésie a l'état aigu.

C'est toujours à la suite d'un refroidissement et de la transition brusque d'une température élevée à une température froide que les inflammations du poumon, des bronches ou de la plèvre qui leur sert d'enveloppe, se déclarent. Si le refroidissement n'agit que sur les bronches, il donne ce qu'on appelle un Rhume ; s'il pénètre dans le tissu même du poumon, c'est la Pneumonie ; s'il ne touche que la plèvre, c'est la Pleurésie. Il occasionne une Pleuro-pneumonie lorsqu'il les atteint l'un et l'autre.

Quand la Pleurésie ou la Pneumonie se déclarent, il faut immédiatement appeler le médecin, pour qu'il administre une médication convenable, qu'il pratique des saignées, qu'il pose des sangsues ou des vésicatoires, qu'il fasse prendre les Antimoniés, etc., etc. Mais aussitôt que la période inflammatoire qui nécessitait cette médication sera passée, alors, il faudra aviser à faire résorber l'épanchement pleurétique ou pneumonique, qui tueraient le malade par engouement ou apoplexie du poumon.

Eh bien ! c'est alors que l'Elixir antiglaireux rend des services admirables ! Par ses propriétés minoratives et spiritueuses, il pénètre dans les poumons, il en stimule les vaisseaux veineux et lymphatiques et, par cette stimulation fait résorber l'épanchement, lequel s'écoule par les voies intestinales, ou par des transpirations abondantes.

On aide puissamment à cette résorption en enveloppant la poitrine du malade avec un morceau suffisamment large de notre Tissu électro-magnétique, ainsi qu'il est expliqué vers la fin de cette brochure. Tous les médecins connaissent les propriétés remarquables de notre Élixir et de notre Tissu, et les services qu'ils peuvent rendre en pareil cas.

Rhumes, Coqueluches et Fluxions catarrhales de poitrine.

On appelle rhumes, coqueluches, fluxions catarrhales de

la poitrine, toutes les irritations de cet organe auxquelles on a donné, aussi, le nom de fausse pleurésie, de pneumonie bilieuse et humorale, quand elles ne sont pas accompagnées de crachement de sang et des symptômes inflammatoires, que nous venons d'indiquer au chapitre de la pneumonie et de la pleurésie.

Tout le monde est sujet au rhume. La coqueluche est plus commune chez les enfants que chez les grandes personnes.

Deux choses sont à faire dans ces deux affections : d'abord, attaquer le mal dans sa cause, puis, calmer les quintes de toux suffocantes qui ont fait périr plus d'un malade, par une asphyxie véritable. Par mesure de prudence le malade devra observer une *demi-diète*, et manger peu d'aliments solides et surtout froids.

Il fera bien de se contenter de potages au gras ou au lait. Pour enlever la cause du mal, il prendra deux à trois cuillerées par jour d'Élixir, le matin à jeun, en ayant soin de boire une tasse d'eau de gruau ou de tisane pectorale chaude et sucrée, après chaque cuillerée d'Elixir. La dose pourra être un peu moindre pour les enfants, et sera subordonnée à leur âge. Pour calmer les quintes de toux, on prend de temps à autre, dans le courant de la journée, et surtout pendant la nuit, au moment des accès, quelques gorgées du Sirop pectoral de Mou de veau au Lichen d'Islande, ou quelques morceaux de la Pâte pectorale du même nom que nous préparons. (*Voir* à la fin de cette brochure l'article relatif au sirop et à la pâte pectorale de Mou de veau au Lichen d'Islande.)

De l'Asthme humide.

L'Asthme humide ou sec se développe chez les personnes qui ont éprouvé des inflammations fréquentes et prolongées des poumons et de la plèvre.

A la suite de ces irritations le tissu pulmonaire s'est endurci, la membrane qui tapisse les bronches est devenue comme couenneuse ; le poumon se dilate avec difficulté, le sang ne circule plus qu'avec peine.

A la suite de ces désordres l'organe aérien suinte une plus grande quantité de lymphe qu'il n'en rentre dans la circulation ou que l'expiration pulmonaire n'en peut consommer. Il s'ensuit un épanchement dans le tissu même de l'organe ; l'accumulation glaireuse gêne l'exécution des fonctions. La trachée-artère fait entendre un gargouillement bien évident ; le malade éprouve de l'oppression, une gêne de la respiration, des attaques de toux convulsive, qui font craindre qu'il ne soit suffoqué, asphyxié !

Que l'asthme soit occasionné par la présence des glaires, ce qui arrive le plus ordinairement, ou bien qu'il donne naissance à cette humeur, il n'en est pas moins vrai qu'il faut lui donner issue par les purgatifs toniques et qu'il n'en est pas de plus salutaires que l'Élixir tonique antiglaireux à la dose de deux ou trois cuillerées à bouche, selon la force et le tempérament des individus. On en prend trois ou quatre fois par semaine, jusqu'à l'entière disparition des crachats et de l'oppression.

Dans les moments de crise, lorsque le malade éprouve ces accès de toux convulsive qui font craindre une suffocation, il faut de suite le mettre sur son séant, et l'y maintenir à l'aide de coussins. On l'approche du grand air : on ouvre les croisées de l'appartement, et on lui fait prendre quelques gouttes d'éther sur un morceau de sucre, ou dans quelques cuillerées d'eau sucrée, à laquelle on a ajouté une cuillerée à bouche d'Élixir. Lorsque l'accès s'apaise, on remet doucement le malade dans son lit, la tête haute ; on prend bien soin de tenir ses extrémités chaudes et de ne pas trop couvrir le reste du corps.

Comme une atmosphère chargée de brouillards provoque essentiellement les crises d'asthme, on en atténue considérablement l'intensité, si on a le soin, lorsque la saison des brouillards arrive, de faire le traitement tel que nous venons de l'indiquer, deux ou trois jours par semaine.

De la Grippe ou Influenza.

Il est une autre sorte d'irritation légère de la poitrine, qui n'est ni le rhume ni la pneumonie, c'est la grippe ou *influenza*.

Cette affection est ordinairement plus ennuyeuse que grave. Cependant on en voit quelquefois dégénérer en véritable fluxion de poitrine. Le malade éprouve une courbature générale, des éternuments fatigants ; ses yeux sont armoyants, il a une petite toux sèche, et surtout une grande oppression accompagnée d'un fort mouvement de fièvre. Ordinairement, la grippe cède à quelques jours de repos et à quelques boissons délayantes ; cependant elle persiste quelquefois pendant plusieurs semaines. Deux ou trois doses d'Élixir, aidées de quelque infusion pectorale, la font toujours disparaître plus promptement que n'importe quel autre moyen qu'on pourrait employer.

CHAPITRE XI.

Névroses, Syncopes et Palpitations de cœur.

Ces affections sont communes, surtout chez les femmes nerveuses et les sujets délicats. Presque toujours, elles ont pour cause une altération profonde de l'organisme, produite par des émotions violentes, des veilles et des privations trop continues, un dérangement de la matrice compliqué d'hystérie, en un mot, par toutes les causes qui donnent lieu à la formation des glaires.

La syncope et les palpitations peuvent être un vice de l'organisme, la conséquence d'un anévrisme ou d'une perturbation dans la menstruation, ou encore être occasionnées par l'accumulation des glaires autour du cœur, accumulation qui imprime à cet organe des irrégularités dans sa contraction et sa dilatation périodiques.

Quand les glaires et les matières visqueuses agacent le système nerveux, ou, agglomérées autour du cœur, dérèglent ses mouvements, l'Élixir antiglaireux, pris aux doses ordinaires, suffit pour faire disparaître ces dérangements. On reconnaît que les palpitations proviennent d'une accumulation des glaires autour de cet organe, lorsqu'on le sent nager, pour ainsi dire, dans un liquide brûlant ; à la couleur jaune livide de la figure et du contour des yeux ; aux défaillances involontaires ; aux soubresauts brusques et irréguliers que le cœur semble éprouver.

Lorsque, au contraire, il y a apparence d'anévrisme du cœur ou des troncs artériels, les palpitations sont violentes, et elles proviennent de l'accroissement de la rapidité de circulation du sang causée par la dilatation ou du cœur, ou des gros vaisseaux artériels. Il faut se hâter de calmer l'activité de la circulation par les *bols sédatifs*, et surtout soustraire le malade aux émotions violentes. Les bols sédatifs atténuent les palpitations, et ramènent la circulation à l'état normal ; ils éloignent et font disparaître les crises violentes qui épuisent les forces du malade et abrègent ses jours. On les prend à la dose de deux par jour, matin et soir, et on augmente graduellement la dose d'un bol tous les trois jours, jusqu'à la cessation des symptômes, mais de manière à n'en pas prendre plus de six par jour. De temps en temps, on prend une ou deux cuillerées à bouche d'Elixir. S'il y avait dérangement dans les fonctions digestives, il serait convenable de faire quelques jours de traitement.

De l'Hydropisie.

L'hydropisie est presque toujours compliquée de palpitations de cœur, de constipation et d'une diminution dans la transpiration et l'émission des urines.

La plus fréquente est celle du ventre et des viscères abdominaux, dite *abdominale* ou *Ascite*. La plus dangereuse est celle qui attaque la poitrine; elle est souvent mortelle, lorsque les moyens que l'on emploie pour la combattre ne sont pas assez énergiques.

L'hydropisie peut se déclarer dans toutes les parties du corps, c'est-à-dire que tous les membres, principalement ceux inférieurs, peuvent devenir le siége d'épanchements hydropiques.

Le symptôme de l'hydropisie est un épanchement séreux sous-cutané dans la partie où la maladie a établi son siége.

Dans le traitement de cette maladie, il faut surtout s'attacher à procurer par les moyens les plus énergiques et cependant les moins incendiaires, la résorption ou l'écoulement de la sérosité hydropique, sans toutefois recourir à la ponction, opération presque toujours insuffisante.

Le traitement anti-hydropique consiste : 1° dans l'emploi de l'Élixir antiglaireux; 2° dans celui des Bols et du Liniment anti-hydropiques.

Les Bols sont destinés à calmer les palpitations de cœur; en même temps qu'ils portent, de concert avec le Liniment, vers les voies alvines et urinaires ou vers l'appareil général de la transpiration, la masse d'humeur aqueuse extravasée; le malade s'en trouve ainsi débarrassé, soit par des déjections copieuses alvines ou urinaires, soit par des transpirations abondantes remarquables par une odeur aigre, insupportable.

Si, pour la guérison radicale d'une hydropisie, il suffisait de procurer mécaniquement l'écoulement des eaux, la ponction serait le remède héroïque par excellence. Mais ce moyen ne procure que la disparition momentanée de l'effet, sans détruire la cause, et, dans un intervalle plus ou moins éloigné, la maladie revient avec plus d'intensité.

Cela se conçoit; on a seulement opéré un vide et débilité le malade; mais on n'a pas rendu à l'économie cette vigueur, cette énergie qui sont nécessaires pour empêcher la reproduction et l'extravasion de la sérosité.

Notre traitement obvie à cela. Les purgatifs toniques y sont alliés aux diurétiques énergiques. L'épanchement hydropique augmentant ou diminuant selon que le malade a ou n'a pas des déjections alvines ou urinaires copieuses, le traitement le plus simple et le plus rationnel est donc celui qui imite la marche de la nature, et qui attaque le mal dans tous ses principes, modère son intensité, et détruit un à un, pour ainsi dire, tous les symptômes.

Traitement.

On commence par prendre l'Élixir antiglaireux à la dose de trois à quatre cuillerées à bouche, le matin à jeun, pendant trois à quatre jours, en ayant soin de boire immédiatement après quelques tasses de tisane de racine d'aspergé sucrée avec du sirop des cinq racines; on y ajoute quelques grains de sel de nitre par chaque tasse. En même temps, on fait plusieurs fois par jour, sur la partie engorgée, des frictions avec le Liniment anti-hydropique. A cet effet, on en verse dans le creux de la main environ une cuillerée à bouche, et on frictionne, avec, la partie engorgée jusqu'à ce que le liquide soit absorbé. Matin et soir on prend deux Bols anti-hydropiques, en ayant soin d'augmenter d'un tous les deux jours, jusqu'à ce qu'on en prenne de huit à dix par jour. Tous les huit jours, on fait deux jours de traitement antiglaireux.

CHAPITRE XII.

Maladies de la peau.

Dartres, gale, lèpre, pustules, etc.

Les médecins distinguent une variété infinie de maladies de la peau.

Ce sont d'abord les dartres, qu'on a désignées par le nom de *pustuleuses*, *sèches*, *humides*, *rongeantes*, etc. C'est là gale, avec l'acarus qui se loge, se reproduit, vit et meurt dans les myriades de boutons dont il recouvre notre épi-

derme ; c'est la teigne, ou les croûtes laiteuses qui sont spéciales au cuir chevelu ; ce sont les syphilides, etc.; c'est enfin
cette multitude d'affections, qui toutes s'attaquent au même
organe.

Quel que soit le nom qu'on donne à la maladie, quel que
soit le principe qui l'ait déterminée, il est un fait qui do-
mine tout dans ces affections, c'est le principe âcre qui
s'infiltre et se dissout dans toutes les humeurs du corps
humain, qui les altère et corrompt, et qu'il s'agit de détruire
et d'expulser.

Le traitement sera *interne* et *externe*, afin que tous les
émonctoires qui aboutissent soit à la peau, soit au tube
intestinal, concourent à l'élimination du principe morbide.

A l'intérieur, le malade prendra l'Élixir à dose purgative
deux ou trois jours de suite par semaine ; le reste du temps,
il boira des tisanes sudorifiques de salsepareille et de douce-
amère, et à la dose de trois à cinq tasses par jour. La tisane
sera sucrée avec du sirop ou l'essence de salsepareille ; il
prendra également deux ou trois des pilules anti-dartreuses
que nous préparons ; une, avec chaque tasse de tisane.

A l'extérieur, on emploiera les bains d'amidon alternés
avec les bains sulfureux. Après les bains, on enduira les dartres ou boutons d'un peu de notre pommade anti-psorique.

Depuis quelque temps, on a introduit à l'hôpital Saint-
Louis de Paris, destiné au traitement des maladies de la
peau, un mode de traitement de la gale, qui abrége de
plusieurs jours la durée du traitement de cette maladie.

Le malade est placé dans un bain chaud. Un infirmier
prend une assez grande quantité de savon noir, et en frictionne le corps du malade pendant une demi-heure. Le malade reste environ une heure dans le bain ; ensuite on le
graisse, soit avec une pommade faite avec une once de sel de
tartre et deux onces de fleur de soufre incorporées dans huit
onces de saindoux, ou bien avec la pommade citrine mélan-
gée avec le double de son poids de graisse de porc.

Deux bains et deux ou trois frictions au plus, suffisent pour
faire disparaître tous les symptômes *extérieurs* de la gale.

Je crois que les mêmes bains et les mêmes frictions seraient très-utiles dans le traitement de presque toutes les
dartres.

Quand les symptômes extérieurs des dartres ou de la
gale ont disparu, il ne faut pas croire, pour cela, que le

malade soit *radicalement* guéri. Il restera encore un levain morbifique, qui demandera encore plusieurs semaines du traitement intérieur et extérieur que nous avons décrit ci-dessus, pour disparaître entièrement.

Des Scrofules.

En général, on attribue la maladie scrofuleuse à l'action délétère d'un *virus* particulier qui affecte immédiatement le système lymphatique, et auquel on a donné le nom de virus scrofuleux.

Comme les tissus glanduleux sont pour ainsi dire les réservoirs généraux de ce système, le cou, les aisselles, les aines, les articulations, les viscères, et en général toutes les parties du corps qui sont tapissées d'un grand nombre de glandes, sont le siége ordinaire de la maladie scrofuleuse.

Lorsque l'affection scrofuleuse attaque quelques viscères, de la cavité pectorale ou abdominale, la maladie dégénère en phthisie pulmonaire ou intestinale.

En général, les sujets affectés de scrofules sont faibles et incapables de supporter des travaux pénibles. D'ailleurs, privés de toute énergie, ils se rebutent et s'abandonnent facilement à ce désespoir et à ce découragement sombre et funeste, qui semblent être produits par la conscience de leur propre faiblesse, et qui s'augmentent encore quelquefois par les mauvais traitements, les vexations, les contrariétés qu'on leur fait éprouver pour une nonchalance et une apathie tout à fait indépendantes de leur volonté.

Nous ne saurions trop rappeler aux parents et aux chefs d'ateliers qui auraient sous leur dépendance des sujets scrofuleux, qu'ils doivent à ces infortunés des égards, de la douceur, des prévenances, de l'affection, et surtout, ne jamais rien exiger d'eux qui soit au-dessus de leur force et de leur organisation. C'est avec l'influence de la persuasion, et non des mauvais traitements, qu'on doit stimuler leur apathie. Une conduite contraire serait barbare, rendrait les malades inguérissables et les conduirait promptement au tombeau.

Traitement.

Les toniques, les amers, les sudorifiques et les purgatifs réunis, sont les seuls agents propres à combattre les affections scrofuleuses ; les toniques et les amers, pour réveiller les tissus lymphatiques, de l'atonie qui les délabre ; les anti scorbutiques et les sudorifiques, pour donner à la masse géné-

rale des fluides stagnants, le degré de circulation susceptible
d'imprimer aux organes et aux tissus que ces fluides traver-
sent, l'activité convenable pour en expulser la surabondance;
les purgatifs, pour établir par le *tube intestinal*, un foyer de
dérivation qui débarrasse l'économie des sérosités trop âcres
ou trop épaisses pour être expulsées par la transpiration.

Tous les jours on fait prendre à la personne affectée de
scrofules quatre ou cinq tasses d'une tisane de houblon, de
douce-amère et de gentiane, sucrée avec le Sirop Anti-scro-
fuleux que nous préparons. On ajoute à chaque tasse de
tisane une cuillerée à café de solution de Iodure de potassium, préparée à la dose de vingt grammes de iodure de
potassium pour cent grammes d'eau distillée.

S'il y a des glandes engorgées au cou ou aux aisselles, on
frictionne ces glandes trois fois par jour avec la pommade
fondante iodée. On donne en outre trois bains par semaine,
pendant la bonne saison ; on les additionne de deux livres de
sel marin et d'une livre d'herbes aromatiques ; et on les al-
terne avec des bains de Baréges artificiels.

Enfin, tous les cinq jours, il faut faire prendre deux jours
de suite l'Élixir à dose purgative, c'est-à-dire à la dose de
deux à trois cuillerées à bouche.

CHAPITRE XIII.

Maladies des enfants.

Les maladies des enfants ont des causes variables, mais
inhérentes à leur développement et aux crises qui accompagnent toujours leur croissance et la première et la seconde
dentition.

Le travail de cette double crise réagit d'abord sur l'appareil digestif qu'il altère ; ensuite sur les glandes du cou et
de la bouche ; sur le cerveau et sur l'appareil nerveux en
général. Il est rare qu'un enfant puisse terminer sa dentition complète, sans qu'il ait éprouvé des convulsions ou
quelque affection cérébrale ou intestinale.

Indigestion des enfants.

Les indigestions des enfants sont toutes dues à l'accumulation des glaires, et aux vers qu'elles engendrent dans
leurs intestins. A cet âge on est tout muqueux, a dit le
docteur Mérat ; les enfants d'ailleurs, qui mangent sans
cesse, et dont les digestions s'accumulent, sont très-sujets

à avoir leur estomac surchargé de glaires, en sorte que, d'une part, les aliments ne peuvent pas être pénétrés, imbibés par les sucs gastriques, et que, d'autre part, l'absorption du chyle ne peut avoir lieu. Il en résulte de l'amaigrissement; le ventre grossit, les glandes s'engorgent, et l'on est tout étonné de voir un enfant né avec toutes les apparences de la santé devenir, à trois ou quatre ans, scrofuleux, et mourir rachitique.

Vers intestinaux. Accidents qu'ils occasionnent.

On ne saurait mettre en doute que la présence des vers dans le tube intestinal peut déterminer les plus grands accidents et compromettre l'existence. Il est donc de la plus haute importance de les expulser.

La présence de ces animaux dans les intestins de l'homme est communément signalée par l'irrégularité de la faim, par des nausées, la colique, l'empâtement du ventre, une toux sèche, la lividité de la face, des mouvements convulsifs des membres, plus sensibles chez les très-jeunes enfants que chez les adultes, par l'affaiblissement de la vue, la diarrhée, etc.; comme tous ces symptômes, sont les mêmes que ceux qui établissent la présence des glaires dans les intestins, je suis fondé à croire qu'alternativement cause et effet, cette humeur entretient et aggrave les diverses complications vermineuses, qui sont variées à l'infini.

On s'est généralement accordé, dans tous les temps, à considérer les végétaux amers comme les plus puissants vermifuges; ils agissent localement par le contact immédiat avec l'animal, pour lequel ils sont un véritable poison : car les moyens qui seraient appliqués ailleurs que sur les intestins ne sauraient avoir aucun résultat utile. Je ne parle point des acides ni des substances métalliques que d'imprudents expérimentateurs ont conseillé de faire prendre aux vermineux. Je ne doute point que les vers ne fussent rapidement détruits ; mais qui est-ce qui ignore le sort qui attendrait les trop confiants malades qui auraient pris ces substances corrosives ?

En résumé, étourdir le ver par des moyens qui n'agissent que sur lui seul, et l'expulser ensuite par des laxatifs doux et toniques, telle est la méthode conseillée et mise en pratique par les médecins consciencieux et éclairés que j'ai nommés plus haut : c'est aussi celle que j'ai adoptée et qui m'a toujours réussi.

A cet effet, on donne, la veille du jour où on doit faire le traitement, à l'individu qu'on a des raisons de croire affecté de vers, deux tasses d'une forte décoction de fougère mâle : le lendemain matin, un lavement de lait, et immédiatement après, deux ou trois cuillerées d'Élixir selon l'âge et le tempérament ; puis on lui fait boire autant de tasses de décoction de fougère qu'il a pris de cuillerées d'Elixir. Il est très-rare que ce traitement ne procure pas l'expulsion des vers, qui sortent enveloppés de tourbillons glaireux qui les entretiennent vivants au dedans de nous.

Dentition des enfants. Accidents qui la compliquent.

Dès que le germe des premières dents se forme dans leurs alvéoles, les enfants souffrent des douleurs aiguës dont on ne devine pas la cause. Ordinairement, on ne pense guère aux dents, si ce n'est quelques mois après la naissance, au moment où elles vont percer les gencives.

Cependant, les dents commencent à se former et à faire souffrir les enfants vers la quatrième semaine, à dater de la naissance. Dès ce moment, ils poussent des cris perçants ; ils commencent à saliver abondamment ; ils portent instinctivement à leur bouche tout ce qu'ils peuvent prendre ; ils le serrent fortement dans leurs gencives, comme pour en faire déchirer la peau et faciliter la sortie de la dent.

Chez beaucoup d'enfants, ce travail est difficile, impossible même, parfois ; car la peau qui recouvre leurs gencives est tellement dure, qu'il est presque impossible à la dent qui pousse de la percer. Alors tout leur système glanduleux s'enflamme et s'engorge ; l'irritation gagne le cerveau lui-même, la fièvre cérébrale se développe et l'enfant meurt dans les convulsions.

En pareil cas, que doit faire une mère prévoyante ? D'abord, elle n'attendra pas que le mal ait fait des progrès incurables pour en prévenir la terminaison funeste. Dès le premier mois de la naissance, elle surveillera la bouche de son enfant ; elle s'inquiétera de l'état normal de ses fonctions intestinales ; elle fera tous ses efforts pour éviter la constipation et les convulsions. Elle fera prendre à son enfant des bains fréquents avec du sel et du son ; elle lui donnera quelques petits lavements, elle lui fera avaler quelques gouttes d'Élixir dans une cuillerée d'eau sucrée ; elle le fera promener souvent ; elle empêchera surtout qu'il ne reste trop longtemps couché sur le dos ; car s'il en était ainsi, ses poumons s'engorgeraient inévitablement, il deviendrait phthisique, ou bien il serait en proie à des accès de coqueluche ou de toux suffocante qui mettraient sa vie en danger. Elle aura surtout soin, si une peau épaisse empêche la sortie de la dent, de faire inciser cette peau par le médecin qui a sa confiance.

Dès l'âge de huit à dix mois, elle devra lui faire prendre, de temps en temps, une cuillerée à café d'Élixir délayé dans deux ou trois cuillerées d'eau, pour lui tenir le corps et les bronches libres. Elle agira de même si son enfant est pris par le rhume ou la coqueluche.

La deuxième dentition est moins dangereuse, parce qu'alors l'enfant est plus robuste. Cependant la crise exige qu'on prenne avec lui quelques précautions hygiéniques et médicales, surtout s'il a une prédisposition à l'affection scrofuleuse. C'est à ce moment que les glandes du cou s'engorgent avec facilité et s'ulcèrent, en imprimant pour la vie cette flétrissure de la cicatrice *écrouelleuse* qui, à l'adolescence, sera un obstacle pour l'avenir de l'enfant, principalement de la jeune fille ; c'est alors que la mère devra redoubler de soins et de prévoyance pour prévenir ce malheur. Elle n'attendra pas la manifestation des accidents pour donner l'Élixir et faire suivre le traitement antiscrofuleux complet, tel que nous l'avons indiqué au chapitre qui traite des scrofules.

Du Croup et des Convulsions.

Aussitôt que la gorge d'un enfant s'enflamme, et que l'irritation menace de se transformer en angine couenneuse, ou mieux en croup, il faut se hâter de lui faire prendre un ou deux grains d'émétique, en deux ou trois doses, coup sur coup, afin que, par un vomissement énergique et répété, l'enfant puisse expulser la fausse membrane qui se développe rapidement au fond de sa gorge, et menace de lui boucher le conduit de la respiration : en d'autres termes, d'étouffer l'enfant.

Si l'émétique manque, on lui donnera sans hésiter une, deux, et même trois cuillerées d'Élixir selon son âge et sa force. l'Élixir produira le même effet que l'émétique. Il sera donné pur ou mêlé d'un peu d'eau. Si l'on peut se procurer des sangsues, on lui en mettra deux ou trois de chaque côté de la gorge. On lui appliquera également des vésicatoires et des cataplasmes sinapisés aux jambes, aux cuisses, aux pieds, sur la poitrine, aux bras, en un mot, sur toutes les parties du corps où l'on pourra obtenir un point de dérivation.

Pour les convulsions, on emploiera les mêmes moyens ; mais on ne lui fera pas prendre d'émétique, et on lui fera avaler, si on peut, quelques gouttes d'éther dans un peu d'eau sucrée froide.

CHAPITRE XIV.

Maladies des femmes.

Les femmes sont sujettes à un grand nombre de maladies qui sont particulières à leur sexe. Presque toutes reconnaissent pour cause la surabondance et la dégénérescence des glaires, occasionnées par les diverses révolutions que leur organisation éprouve à chaque période de leur existence.

Aussi chaque âge a ses affections.

Voyez cette jeune fille aux lèvres pâles, aux joues décolorées, aux yeux cernés et livides ! La nature, chez elle, tend à un développement auquel s'oppose l'engorgement ou l'atonie des viscères. Elle s'étiole comme une fleur privée de la chaleur vivifiante d'un soleil bienfaisant. Le sang appauvri, chargé de sérosités glaireuses, afflue, incapable d'acquérir le degré de force nécessaire à l'accomplissement des vœux de la nature, et la jeune fille succombe, anéantie, consumée par un dépérissement rapide, une pulmonie violente, des palpitations, l'étisie, la chlorose, etc.

L'*âge critique* est aussi redoutable pour les femmes que le développement de la menstruation ; la crise est la même, avec cette seule différence, qu'en dernier lieu la nature cherche, par un développement extraordinaire des organes, à donner issue à la surabondance des fluides qui doivent fournir à la femme les forces nécessaires pour accomplir la tâche à laquelle la nature l'a destinée, et qu'en premier lieu, c'est-à-dire au moment de l'âge critique, la cessation de la menstruation est pour elle un signal que son rôle finit, parce qu'il serait désormais pour elle au-dessus de ses forces.

Dans ce moment, la nature ne prend jamais en traître. N'est-ce pas un avertissement précieux, mais trop souvent méconnu, que cet engourdissement que les femmes éprouvent dans tous les membres, ces bâillements multipliés et involontaires, la difficulté de respirer, des tintements d'oreilles, la dureté de l'ouïe, un malaise indéfinissable, des douleurs de tête, des étourdissements, le gonflement et la pesanteur des yeux et des paupières, l'affaiblissement de la vue, le gonflement des veines, la rougeur de la peau, des rêves, des songes affreux ; l'*hystérie*, la mélancolie, des démangeaisons fatigantes ; des indices d'ulcères qui, souvent, font des progrès rapides, etc. ?

De bonne foi, quelle est la femme qui ne sent pas, à tous ces signes précurseurs, que sa position va changer, et qu'elle doit prendre des mesures pour éviter des accidents funestes ?

A l'époque de la puberté, il faut fortifier la jeune fille pâle, bouffie, débile ; la débarrasser des mucosités qui sont, pour ainsi dire, extravasées dans tous les tissus, et obstruent tous les organes ; accélérer la circulation, raviver et exciter les organes.

Dans l'âge critique, il faut dévier le cours des humeurs ; débarrasser l'économie d'une sérosité destinée à augmenter la masse du sang, qui est la cause première de tous les désordres, et raffermir les organes, de manière à les garantir des accidents qui les menacent. L'Élixir tonique antiglaireux est le meilleur agent qu'on puisse employer à cet effet. On le prend comme il a été indiqué.

Fleurs ou Flueurs blanches.

Parmi les maladies nombreuses auxquelles les femmes sont sujettes, il en est une qui, locale en apparence et bornée à un seul organe, n'en étend pas moins ses ravages sur toute l'organisation. Constitutionnelles ou accidentelles, les fleurs blanches connaissent toujours pour cause première un affaiblissement de tout le système ; un dérangement des fonctions digestives ; une constitution glaireuse ; des émotions violentes de chagrin, de frayeur et même de joie ; une altération du système nerveux ; une maladie aiguë, etc.

Les femmes atteintes de cette désagréable infirmité, qui se développe à tout âge, tombent dans un état de débilité extrême. Elles ressentent des douleurs vagues, de l'insomnie, des faiblesses, des défaillances, des tiraillements d'estomac, des pesanteurs dans les lombes, des douleurs aiguës dans les reins, dans la poitrine, entre les épaules, et souvent une tristesse profonde qui va même jusqu'au dégoût de la vie. On en a vu un grand nombre succomber à la phthisie pulmonaire consécutive, à des diarrhées colliquatives, à des obstructions des viscères abdominaux, au cancer de la matrice.

La cause de cette affection est trop évidente pour qu'on puisse imaginer de la contester ; on aurait beau dire que les pertes blanches ne sont que locales et ne sont pas occasionnées par les glaires, on serait démenti par l'évidence.

Car les traitements rafraîchissants et débilitants qu'on inflige aux femmes, sous prétexte que les pertes blanches sont produites par un grand échauffement, ne servent qu'à prouver, par leur nullité, et surtout par l'effet contraire qu'ils produisent presque toujours, combien un pareil raisonnement est absurde, puisque les symptômes du mal deviennent plus graves. Et, certes, il ne faut pas un grand effort de raison pour concevoir que l'action irritante des glaires cause seule cette maladie, lorsque la moindre contrariété, la plus légère congestion nerveuse, le plus simple écart de régime, la déterminent d'une manière si intense et si prompte, et qu'il est démontré par l'expérience qu'elle ne peut être guérie que par des toniques et par des purgatifs doux et fondants capables d'expulser les glaires et de fortifier les organes lésés.

La première indication est donc de fortifier l'estomac et l'appareil digestif par l'Élixir tonique antiglaireux et par des pilules ferrées ; ensuite de fortifier les organes relâchés, par des injections toniques qu'on prépare avec une cuillerée de vinaigre, où on a fait infuser des roses rouges, et une cuillerée de chlorure de chaux liquide, pour deux verres d'eau.

La dose de l'Élixir antiglaireux doit être d'abord de deux cuillerées à bouche, le matin à jeun, et d'une cuillerée le soir en se couchant, jusqu'à complète guérison, en laissant de temps en temps un ou deux jours de repos. Si les digestions, malgré ce traitement, continuaient à être lentes et difficiles, on les rétablirait plus promptement, en prenant une cuillerée à café d'Elixir une demi-heure avant de se mettre à table, et quelques grains de bi-carbonate de soude à plusieurs reprises pendant le repas.

Maladies laiteuses,

La grossesse, l'accouchement, l'allaitement, etc., etc., sont une source féconde de maladies qui prennent toutes un caractère grave, et laissent des traces plus ou moins profondes.

Dans les premiers mois de la grossesse, le système nerveux et l'appareil digestif sont spécialement affectés. Il est essentiel d'atténuer l'influence de la grossesse sur les organes, car c'est de là que dépend la terminaison heureuse de la gestation et de l'accouchement. Et d'où proviennent les nausées, les vomissements, les syncopes, et vers la fin de la grossesse, les œdèmes, les engorgements des membres inférieurs, les varices, si ce n'est de l'altération du système digestif et de l'état nerveux de la matrice, par suite de l'extravasion et de l'infiltration des glaires dans toutes les parties ? Cette infiltration ne constitue-t-elle pas un véritable état de pléthore des vaisseaux lymphatiques, qui trouble e cours régulier de toutes les fonctions organiques ?

Quelques cuillerées d'Élixir antiglaireux suffisent ordinairement pour parer à tous ces inconvénients. Qu'on ne craigne pas qu'un minoratif aussi doux que l'Élixir antiglaireux puisse produire une perversion capable d'enfanter quelque accident. Je la refuse même aux purgatifs drastiques; car j'ai vu, dans trois ou quatre circonstances, des femmes prendre des doses excessives de médecine Leroy, dans l'espoir de se faire avorter, et n'obtenir, de cet acte de démence, qu'une superpurgation, sans suite fâcheuse, bien éloignée du but qu'elles s'étaient proposé.

Les maladies qui suivent l'accouchement et l'allaitement sont plus redoutables que celles qui accompagnent la grossesse. Ce sont là les véritables maladies laiteuses. La suppression ou la rétrocession des lochies et du lait sont les sources de tous ces désordres. De là proviennent les dépôts laiteux de la tête et de toutes les parties du corps, des rhumatismes aigus et chroniques, des taches et des dartres laiteuses, l'hystérie, la cachexie, l'hypocondrie. Il n'est aucune de ces affections qui ait résisté à un usage périodique et continu du traitement antiglaireux.

CHAPITRE XV.

Maladies de la vieillesse.

Lorsqu'on arrive à cette période de la vie qu'on appelle la *vieillesse*, il s'opère dans l'être humain une transformation singulière qui produit des maladies spéciales, qu'on a nommées *les infirmités* ou *les maladies de la vieillesse*.

Les chagrins, les plaisirs, les excès, les travaux prolongés, chez les hommes, les grossesses et les allaitements mul-

tiples, chez les femmes, ont épuisé les forces vives du corps ;
les fonctions digestives ne produisent plus de principes réparateurs suffisants, ou en produisent plus qu'il n'en peut
être consommé. Les muscles et les vaisseaux sanguins sont
devenus flasques, les douleurs goutteuses et rhumatismales,
les maladies syphilitiques ou dartreuses ont laissé des traces
profondes, la circulation se ralentit, les lymphatiques ne
portent plus vers la peau la rosée bienfaisante qui la main-
tient humide et douce; les pores se bouchent; ils s'encrassent des parties terreuses ou calcaires, que la circulation
générale charriait vers les os, et que ceux-ci n'ont plus besoin d'absorber; les vaisseaux du crâne et du cerveau s'obstruent, les poumons et les reins s'engouent..., l'asthme et
le catarrhe pulmonaire, le catarrhe de la vessie, la goutte et
le rhumatisme, l'apoplexie et la paralysie se déclarent, et la vie
n'est plus qu'un long martyre, et elle s'abrége, si on néglige
les lois de la prévoyance, de l'hygiène et du bon sens, si on
ne fait pas en temps opportun usage de l'Élixir antiglaireux:

De l'Asthme et du Catarrhe pulmonaire des Vieillards.

Lorsqu'on a été, dans sa vie, sujet à de fréquentes inflammations pulmonaires et à des rhumes prolongés, le tissu pulmonaire s'engorge, les bronches s'encrassent, elles perdent
leur élasticité ou bien elles deviennent sèches comme du
parchemin. On a donné les noms d'Asthme et de Catarrhe
pulmonaire des vieillards à cette double transformation.

Dans l'asthme, le conduit aérien est tellement rétréci, et
la contraction pulmonaire est devenue si difficile pour opérer
l'acte de la respiration, que l'asthmatique est à chaque
instant sur le point d'étouffer.

Dans le catarrhe, au contraire, le poumon est devenu
comme un immense exutoire, tout gonflé, comme le serait
une éponge, d'une énorme quantité de glaires épaisses très-
difficiles à expectorer.

Signaler ce double état pathologique du poumon et des
bronches, c'est dire que le vieillard, qui ne veut pas étouffer
ou souffrir, doit se hâter de recourir au seul traitement réel-
lement efficace, c'est-à-dire à l'Élixir tonique antiglaireux.

Toutes les semaines, il en prendra pendant deux jours
une cuillerée à bouche, le soir et deux cuillerées le matin à
jeun. Si par suite d'un refroidissement, l'oppression augmen-
tait, il faudrait faire le traitement plusieurs jours de suite,

et le continuer sans crainte jusqu'à ce que le soulagement fût obtenu. Au besoin, il faudrait appliquer un large vésicatoire sur la poitrine, et l'entretenir pendant quelques jours.

Du Catarrhe de la Vessie.

C'est une erreur de croire qu'on doit laisser au corps le soin de se délivrer lui-même, et sans secours, de la sérosité glaireuse qui encombre les membranes muqueuses des individus affectés du catarrhe de la vessie. C'est une erreur non moins grande de croire que la présence des graviers dans la poche urinaire, l'ischurie ou suppression d'urine, la strangurie ou le besoin continuel d'uriner goutte à goutte, ne tiennent pas à une seule cause : l'engorgement glaireux de tout le système des voies urinaires, et la vive irritation qu'il a produite sur la membrane muqueuse qui tapisse l'intérieur de la vessie.

Je n'écris pas seulement pour combattre des erreurs, mais aussi pour établir des faits, et il n'en est pas de plus positifs que l'action nuisible des glaires sur cet organe, qu'on peut considérer comme le réservoir de tout le corps. En effet, la vessie, par sa position à l'extrémité du tronc où elle est renfermée dans le bassin, par son voisinage du rectum, par les différents changements de volume de la matrice chez la femme, contenant sans cesse une liqueur qui y dépose des mucosités filtrées de toutes les parties du corps, est exposée plus que tout autre viscère à des engorgements glaireux, ce que l'ouverture des cadavres a prouvé des milliers de fois.

Pourquoi donc aller chercher ailleurs la cause d'une des plus fâcheuses maladies? Les matières qui imbibent toutes les parties de la vessie dans cette affligeante maladie, toujours corrompues à l'excès, sont âcres, corrosives et brûlantes; elles irritent vivement cet organe, tandis que la portion terreuse qu'elles contiennent forme un dépôt qui sert de noyau à la pierre, ou tout au moins à des concrétions graveleuses, dont on aperçoit souvent des fragments entraînés au dehors par l'urine. Si le spasme produit sur les nerfs du sphincter de la vessie par l'irritation des glaires, y détermine une violente crispation qui obstrue le canal, qu'arrive-t-il? L'urine s'accumule dans la vessie, les douleurs deviennent de plus en plus atroces, la fièvre urineuse s'empare du malade, et souvent, en moins de vingt-quatre heures, il a cessé d'exister.

Que fait-on ordinairement pour remédier à tant de maux ? Par la plus funeste des routines, on perd le temps à donner des potions calmantes. Des potions calmantes ! Y a-t-il au monde une pratique plus absurde ! Il faut que cette potion, sur laquelle les routiniers comptent tant, ait été digérée d'abord dans l'estomac, et qu'elle ait ensuite traversé tous les intestins et les innombrables vaisseaux qui séparent la vessie de l'estomac ; qu'elle ait été assimilée comme un morceau de pain, et que toutes les parties du corps en aient, pour ainsi dire, perçu la bien précaire influence, avant qu'elle n'arrive jusqu'à la vessie. En vérité, de pareils moyens sont bien puérils dans des cas urgents !

Que faut-il faire ? évacuer la matière glaireuse qui cause tous ces maux, pendant que le malheureux qui va succomber a encore des forces et de la volonté ; ensuite, s'il y a rétention d'urine, et s'il y a possibilité de le faire, passer au malade une sonde qui vide la vessie, et permette d'administrer l'Élixir antiglaireux, tandis qu'il en est temps encore.

Je pourrais citer mille exemples de guérisons obtenues en peu de mois par l'Élixir, sur des sujets qui avaient été imprudemment condamnés. Avec l'Élixir les glaires prennent leur cours par les selles ; la vessie, les reins, et les uretères en sont débarrassés. Il est des malades qui en ont rendu des quantités telles qu'on ne saurait les imaginer.

La dose de l'Élixir varie de trois à cinq cuillerées, et doit être continuée plusieurs semaines de suite, à trois jours d'intervalle par semaine. On donnera aussi des bains fréquents, aiguisés d'une livre de sel de soude.

De la Goutte et du Rhumatisme.

Deux circonstances principales donnent naissance à une production plus abondante des glaires. La première, encore fort peu connue, est l'atonie des membranes muqueuses ou des organes qui fournissent les liquides composant les mucosités. L'autre, très-fréquente et beaucoup plus observée, est leur état inflammatoire. Ce dernier produit des affections connues sous le nom de *Goutte*, de *Sciatique*, de *Rhumatismes* de *Fraîcheurs*, de *Douleurs*, etc., quand il affecte les aponévroses qui servent d'enveloppe aux différents muscles, ou celles qui recouvrent les cartilages posés comme un *tampon élastique* sur les extrémités des os, qui s'emboîtent les unes dans les autres.

Les douleurs goutteuses et rhumatismales sont ou fixes ou vagues, ou mobiles ; quelquefois avec rougeur et gonflement, et souvent sans aucun signe extérieur ; elles sont plus vives dans certaines contrées que dans d'autres, plus actives en hiver qu'en été, et se modifient à l'infini, selon les climats et le tempérament des individus.

Le rhumatisme est le résultat·de la lésion produite par la réaction d'une température froide et humide sur une partie musculaire quelconque.

L'inflammation qu'il développe peut se compliquer de celle produite par une autre affection constitutionnelle préexistante, réveillée ou excitée par elle, telle par exemple qu'une affection scrofuleuse, syphylitique ou autre.

Cette complication rend le traitement du rhumatisme plus long et plus difficile. C'est du reste le même que celui indiqué pour la goutte.

La goutte provient d'une *pléthore* des vaisseaux lymphatiques, par suite de la non évacuation d'une matière glaireuse chargée d'acides urique et phosphorique, destinée à être excrétée, et qui ne l'a pas été. Cette matière ainsi refoulée dans l'économie acquiert nécessairement des qualités irritantes, et développe une phlegmasie plus ou moins intense, selon l'organe qu'elle attaque, selon l'articulation ou elle s'établit.

Toutes les fois que la sérosité glaireuse, qui produit la goutte, ne s'est pas fixée sur une partie, la douleur est ambulante ; elle passe instantanément d'un membre à un autre : c'est la goutte nomade. A cette époque, la guérison est facile à obtenir, parce qu'on peut fondre ou évacuer aisément l'humeur goutteuse.

La douleur est fixé et continue, lorsque la fluxion est établie dans l'épaisseur des muscles. Elle y demeure jusqu'à ce que l'humeur glaireuse ait été résorbée et évacuée.

Ce principe posé, le traitement de la goutte devient facile ; il s'agit d'expulser de l'économie la cause première de la maladie, au lieu de s'amuser à combattre quelques symptômes locaux, qu'il est bien d'atténuer sans doute, mais qui ne devanceront pas d'un jour la cessation des paroxismes. Il faut donc user de suite et d'une manière convenable de l'Élixir tonique antiglaireux, ou mieux encore du Sirop antigoutteux que je prépare. Ce sirop est une modification de l'Élixir tonique antiglaireux, dont l'action n'est pas assez vive sur l'appareil urinaire ; et comme cet appareil joue un grand rôle dans les affections goutteuses et rhumatismales, concurremment avec l'appareil digestif, il a fallu allier à l'Élixir, qui agit directement sur ce dernier organe, des substances qui agissent simultanément sur le premier, sans nuire à leur action respective.

Manière de faire usage du Sirop Antigoutteux.

Le jour où on ressent les premiers symptômes, précurseurs de l'attaque de goutte ou de rhumatisme, on doit prendre, en se couchant, trois heures au moins après avoir mangé, trois cuillerées à bouche de Sirop antigoutteux délayé dans une forte tasse d'infusion de tilleul, de chiendent, de sureau ou de toute autre substance au goût du malade. Il faut que l'infusion soit prise aussi chaude que possible. Les trois cuillerées seront prises en deux fois, à une demi-heure d'intervalle.

Le malade devra prendre ses précautions pour la nuit, dans la prévision que le sirop pourra agir pendant son sommeil, et pour éviter qu'il ne se refroidisse, s'il est obligé d'aller à la garde-robe.

Le lendemain matin, au point du jour, il prendra trois autres cuillerées de Sirop délayées, comme la veille, dans une forte tasse d'infusion chaude.

Entre temps, pour faciliter l'action du sirop, il boira quelques tasses de la même infusion, surtout s'il se sent altéré.

Le malade devra rester couché dans un appartement bien chaud, et prendre toutes les précautions possibles pour éviter qu'il ne se refroidisse.

Si le premier jour, la dose de sirop ne produit pas des évacuations, des transpirations abondantes, ou une grande sécrétion d'urines, il faudra continuer le même mode de traitement trois ou quatre jours de suite, et jusqu'a ce que le résultat désiré soit obtenu.

Si le quatrième jour l'attaque ne cesse pas, il faudra laisser le malade se reposer un jour ou deux et recommencer un nouveau traitement de trois jours.

Pendant le traitement, le malade devra prendre une nourriture substantielle, mais composée surtout de potages gras ou maigres et d'aliments faciles à digérer.

Il faudra éviter avec soin une diète trop sévère, car la

privation de nourriture, sous l'influence du sirop, affaiblirait trop le malade.

Le Sirop antigoutteux stimule énergiquement les fonctions excrétionnelles de tous les émonctoires qui aboutissent à la peau, à la vessie, aux intestins.

Quelquefois, il ne provoque pas de selles, mais seulement une émission d'urine ou une transpiration abondantes; d'autres fois, c'est seulement les évacuations intestinales qui sont copieuses. Cela tient à l'état physiologique dans lequel le malade se trouve au moment de l'accès de goutte ou de rhumatisme. Malgré cela le sirop guérit, ou du moins soulage toujours.

Comme il n'y a pas de guérison durable possible, sans qu'un parfait équilibre soit rétabli entre ces trois fonctions, il faut continuer l'usage du sirop jusqu'à ce que ce résultat soit obtenu.

Observation importante.

Si l'attaque de goutte dure déjà depuis trois ou quatre jours, lorsqu'on a pu se procurer le Sirop antigoutteux, il faut attendre, pour en faire usage, que l'exacerbation inflammatoire soit un peu tombée, c'est-à-dire trois ou quatre jours. En attendant, il faudra prendre quelques boissons délayantes, recouvrir la fluxion goutteuse ou rhumatismale d'une feuille de notre Tissu électro-magnétique, et si l'on n'a pas de tissu sous la main, frictionner, ou mieux enduire la partie douloureuse avec un peu de baume tranquille auquel on aura ajouté 10 grammes de teinture de belladone et 5 grammes de chloroforme par 30 grammes de baume; ensuite on enveloppera la partie d'un peu de ouate de coton, et d'un morceau de flanelle.

Ordinairement, la goutte s'annonce par des symptômes précurseurs qui sont parfaitement connus des goutteux. Ce sont des éternuments et un rhume de cerveau qui font couler le nez comme un robinet de fontaine; c'est un dérangement dans les fonctions digestives, des rapports nidoreux, un picotement désagréable et un larmoiement des yeux et des paupières; c'est un état d'excitation extrême de la peau, etc., etc. Cet avertissement ne devrait pas être perdu pour eux.

Car rien ne serait facile comme de faire, en ce moment, avorter l'accès de goutte ou de rhumatisme, en usant, pendant deux ou trois jours de suite et sans hésiter, de l'Elixir ou du Sirop, selon que l'on aurait l'un ou l'autre à sa disposition.

Apoplexie.

Lorsque les glaires s'accumulent dans le *thorax*, et qu'elles gênent la circulation du cœur, lorsqu'elles sont en stagnation dans le crâne, qu'elles amollissent le cerveau et qu'elles impriment une lésion à la source des nerfs, elles produisent l'apoplexie, et par suite, la paralysie générale ou partielle, la surdité, etc.

Le caractère principal de l'*apoplexie* est la cessation des fonctions des sens et du mouvement volontaire. La crise part du cerveau, qui se trouve comprimé par un épanchement séreux, purulent ou sanguin; la pléthore sanguine n'est que secondaire. Quand on ouvre les cadavres des individus qui sont foudroyés par l'apoplexie, que trouve-t-on dans la poitrine et le cerveau? Les poumons macérés par une matière gluante et épaisse qui n'a pu se faire jour à l'extérieur, et la base du crâne inondée par une sérosité tellement âcre, qu'elle a souvent rongé les membranes. De bonne foi, peut-on dire que cette matière étrangère y a été transportée en un instant, et que tel individu a été foudroyé? N'est-il pas plus conforme à la vérité et à la raison de dire que cette matière a été accumulée peu à peu, et qu'enfin il est venu un moment où, obstruant la circulation céphalique et pulmonaire, la vie a été interrompue? Pour prévenir ces désordres, il n'est que deux moyens : désemplir un peu les vaisseaux et évacuer fortement. Ces conseils sont ceux que donnait Hippocrate il y a plus de deux mille ans, et l'expérience ne les a jamais démentis.

Que l'on considère quels sont les individus affectés d'apoplexie : ce sont ordinairement des personnes grasses et replètes, qui ont le cou court, la poitrine large, les membres gros, dont la respiration est laborieuse, qui expectorent les glaires difficilement. Ceux-là échapperaient à l'apoplexie, si, prévoyant les accidents auxquels leur constitution physique les expose, ils faisaient toutes les semaines un jour de traitement par l'Élixir. En effet, j'ai vu, d'ailleurs, une infinité de personnes qui avaient de fréquentes attaques, et qui ne pouvaient faire le moindre extraordinaire dans leurs repas sans ressentir de violents étourdissements, se trouver à merveille de l'usage de l'*Élixir* tonique et éloigner les accidents. Je pourrais citer comme le plus grand éloge des vertus anti-apoplectiques de l'Élixir antiglaireux, l'usage constant qu'en a fait, pendant les dernières années de sa vie, le célèbre docteur Cabanis, qui était devenu sujet à des apoplexies séreuses qu'on aurait pu appeler périodiques, tant elles étaient fréquentes. Ceux qui l'ont connu lui ont entendu dire très-souvent qu'il attribuait aux bons effets de ce médicament la prolongation de sa carrière.

Paralysie.

Toutes les fois que la congestion cérébrale ou pulmonaire qui a produit l'Apoplexie n'est pas mortelle, elle engendre la *Paralysie*.

La Paralysie sera générale ou seulement partielle, selon l'âge, la force et la constitution du malade, et aussi suivant la promptitude et l'efficacité des soins qui lui auront été opposés au moment de l'attaque.

La personne qui a subi une première attaque est prédestinée, pour ainsi dire, à en subir d'autres, qui, tôt ou tard auront une terminaison funeste, si dès la première attaque, elle n'a soin, pour en atténuer les suites, de faire un usage fréquent de l'Élixir antiglaireux.

Il en sera de même pour ceux qui, n'en ayant pas encore eu, mais, connaissant leur constitution prédisposante, voudront prévenir ou atténuer les premières atteintes de la congestion.

Évidemment, il faut, dans les deux cas, désemplir les vaisseaux du cerveau et de la poitrine pour en empêcher l'engorgement, et pour atteindre ce but, faire tous les huit à dix jours, deux ou trois jours de traitement, par l'Élixir, à dose très-purgative.

Au moment de l'attaque, la rapidité des accidents oblige à rapprocher les doses et à donner de quart d'heure en quart d'heure, une cuillerée à bouche d'Élixir, jusqu'à ce que le malade évacue, en d'autres termes, jusqu'à ce qu'il soit sauvé.

Si l'on n'a pas d'Élixir sous la main, on pourra, pour le suppléer, pratiquer une large saignée, appliquer des sangsues au cou et au fondement. Il faudra un nombre considérable de sangsues pour cette double application simultanée ; de vingt à trente au moins.

On appliquera encore des sinapismes et des vésicatoires

aux cuisses, aux jambes, sur le ventre, sur la poitrine, enfin sur toutes les parties du corps où on pourra obtenir une dérivation favorable.

Toute personne exposée à l'apoplexie, et par suite à la paralysie devrait toujours, même en voyage, être munie d'une bouteille d'Élixir, pour avoir constamment sous la main le remède qui peut le mieux la sauver des accidents; car, ainsi que l'a dit le grand médecin Cabanis, l'Élixir de Guillié est la providence des vieillards, il doit être le *vade mecum* de tous les *apoplectiques*.

CHAPITRE XVI.

Mal de mer.

L'Élixir de Guillié est le meilleur remède contre les accidents qui surviennent dans une longue navigation. C'est ce que proclament les personnes qui font de longs et fréquents voyages, les capitaines de navire, les chirurgiens du bord, surtout ceux qui transportent des masses considérables d'émigrants ou des troupes de débarquement, dont l'estomac n'est pas acclimaté à la mer.

Le symptôme le plus douloureux du mal de mer est un vomissement impossible à retenir ou à réprimer. Nous n'avons pas besoin de savoir s'il est produit par le balancement du navire, par les émanations paludéennes de la mer, par un frottement des intestins contre le diaphragme ou par une stase du sang dans le cerveau. Ce qu'il faut, c'est l'empêcher ou l'arrêter.

Dans les longues traversées, les vomissements durent plusieurs jours, quelquefois tout le temps du voyage. Les fonctions digestives sont continuellement troublées; le foie s'irrite, il sécrète une quantité immodérée de bile, qui finit par devenir inflammatoire. Les autres viscères s'enflamment aussi, et à leur tour fournissent des sécrétions glaireuses, âcres et morbides qui entretiennent le vomissement et font éclater les dyssenteries pernicieuses et le scorbut; passagers et gens de l'équipage, personne n'est à l'abri du fléau. Une traversée de quelques heures, par exemple de France en Angleterre, n'est pas assez sérieuse pour qu'on doive beaucoup se préoccuper de quelques épreintes de mal de mer qu'elle peut produire. C'est surtout pour les traversées de long cours que l'Élixir antiglaireux est d'une utilité incontestable, parce que, mieux que tout autre remède, il en atténue les suites fâcheuses.

L'Élixir pris à l'avance empêche souvent le vomissement ; s'il survient, il en diminue les épreintes douloureuses.

Le voyageur prévoyant, qui sait d'avance l'époque précise de son départ, doit se précautionner par deux ou trois jours de traitement par l'Elixir, afin d'échapper au mal de mer.

Il retirera un autre avantage de cette précaution.

Rien n'est difficile comme de manger à bord avec appétit et profit. Si par l'effet de la navigation et du vomissement les voies digestives sont altérées, elles le sont aussi par la nourriture même du bord, qui consiste principalement en viandes salées, en légumes secs, en biscuit ou en pain mal préparés. Souvent même les eaux sont malsaines, etc.

Il est urgent de maintenir les voies digestives dans un état d'énergie convenable, pour assimiler une semblable nourriture ; sans cela la navigation ne serait qu'un long supplice.

On obtiendra ce résultat en prenant tous les jours une cuillerée à café d'Elixir au moment de chaque repas. On pourra se passer de cette cuillerée si les digestions et l'appétit se maintiennent bien, mais on y reviendra aussitôt que le plus léger trouble se fera ressentir. Il faudra aussi de temps à autre prendre l'Élixir à dose purgative pour bien débarrasser l'appareil digestif.

Si les vomissements surviennent il faudra prendre une cuillerée à café d'Élixir, de quart d'heure en quart d'heure, jusqu'à ce qu'ils aient cessé.

CONCLUSION.

Le cadre restreint de cette brochure ne m'a pas permis de passer en revue la série complète de toutes les maladies où l'usage de l'Élixir pourrait être d'un grand secours. Je n'ai pas pu, dans celles que j'ai décrites, entrer dans tous les développements qu'elles comportaient. J'en ai dit assez cependant pour être compris des intelligences les plus rebelles. Ce que j'ai dit des unes peut parfaitement s'appliquer aux autres. J'ai dû compter sur l'intelligence du lecteur pour en saisir l'analogie, et comme application, pour se diriger lui-même dans la méthode du traitement. J'ajoute que je serai toujours heureux de compléter les renseignements déjà donnés, en répondant à toutes les demandes qui me seront faites de vive voix et par correspondance.

ATTESTATIONS AUTHENTIQUES

DE QUELQUES MÉDECINS QUI EMPLOIENT JOURNELLEMENT

l'Élixir tonique antiglaireux.

—o—

Je soussigné, docteur en médecine de la Faculté de Paris, ancien médecin principal des armées, etc., etc.

Certifie et déclare à tous ceux qu'il appartiendra, avoir fait un fréquent usage dans ma pratique de l'*Élixir tonique antiglaireux*, préparé par M. Oulès, pharmacien à Paris (Paul Gage, successeur), et de m'en être parfaitement trouvé, ayant remarqué que ce laxatif, en donnant issue aux humeurs, agit aussi comme *tonique*, et qu'il convient surtout aux enfants, aux vieillards et aux personnes affectées de catarrhes chroniques, d'asthmes humides et d'empâtement des intestins. En foi de quoi j'ai délivré le présent certificat.

Signé GUILLIÉ, D. M. P.

Paris, le 28 mai 1822.   Rue de la Michodière, 7.

Je soussigné, D. A. P. Aubin, médecin des Parcs et des Écuries de S. A. R. Monsieur, médecin de la Garde nationale à cheval, certifie que l'*Élixir tonique antiglaireux* du sieur Oulès (Paul Gage, successeur), pharmacien à Paris, est un bon laxatif, et que je l'ai employé plusieurs fois avec succès chez les personnes d'un tempérament lymphatique ou scrofuleux. En foi de quoi, etc.

Signé AUBIN,

Paris, ce 4 juin 1822.   Rue du Mont-Blanc, 28.

Je soussigné, certifie avoir employé à différentes reprises l'*Élixir tonique antiglaireux* préparé par M. Oulès (Paul Gage, successeur), et qu'il m'a toujours rendu les services qu'on devait attendre d'un bon laxatif.

Signé ET. MOULIN,

Paris, le 7 juin 1822,   Docteur-médecin, adjoint de la prison de Bicêtre, chirurgien ordinaire du 4e dispensaire de la Société philantropique, et adjoint du collége royal de Saint-Louis.

Je soussigné, docteur-médecin de la Faculté de Paris, etc., atteste que l'*Élixir tonique antiglaireux* préparé par M. Oulès (Paul Gage, successeur), pharmacien, est un laxatif avantageux pour les tempéraments lymphatiques et dans les cas de scrofules ou engorgements glandulaires.

En foi de quoi, etc.

Signé F. M. LE ROUX (de Rennes), D. M. P.

Paris, ce 31 mai 1822.

Je soussigné, docteur en médecine de la Faculté de Paris, certifie avoir employé avec avantage l'*Élixir tonique antiglaireux* préparé par Oulès (Paul Gage, successeur).

En foi de quoi, etc.

Signé DELPECH, D. M. P.

Paris, ce 4 juin 1822.

Je soussigné, docteur-médecin du bureau de charité du 1ᵉʳ arrondissement, etc., etc., certifie avoir employé avec succès l'*Élixir tonique antiglaireux* préparé par M. Oulès (Paul Gage, successeur), dans les débilités gastriques, avec embarras muqueux dans les premières voies.

En foi de quoi, etc.

Signé DROGART, D. M.

Paris, ce 29 mai 1822.

Je soussigné, docteur-consultant, spécialement *pour les hydropisies et les maladies des enfants*, déclare, à tous ceux à qui il appartiendra, que j'emploie journellement *avec succès* le traitement *anti-hydropique* de Paul Gage, pharmacien, successeur de J.-J. Oulès, et son *Élixir tonique antiglaireux*. En foi de quoi, etc.

Signé F. GUILBERT,

Paris, 20 décembre 1833.   Médecin consultant, rue de Sèvres, 123.

Un arrêt rendu par la Cour impériale de Dijon, le 17 août 1854, a constaté, sur le rapport de MM. Chevalier et O. Henry, membres de l'Académie impériale de médecine, et Lassaigne, professeur de Chimie à l'Ecole d'Alfort, experts désignés par elle pour en faire l'analyse, que l'ÉLIXIR DE GUILLIÉ, préparé par Paul GAGE, était un médicament perfectionné, toujours régulier dans son action, *n'était point un remède secret*, et que la vente en devait être autorisée.

J'aurais pu , au lieu des quelques certificats de médecins qu'on vient de lire, rapporter une immense quantité de lettres que je reçois de toutes parts des personnes qui ont été guéries ou soulagées par l'usage de l'Élixir tonique anti-glaireux ; mais de tels témoignages, rendus par des gens étrangers à la médecine , souvent entraînés par la prévention, l'enthousiasme ou la reconnaissance, et qui ne peuvent pas apprécier dans tous ses effets la valeur d'un médicament qui n'agit pas également dans tous les cas, un tel témoignage, dis-je, ne m'aurait pas paru suffisant pour inspirer la confiance à ceux qui ne connaissent pas l'Élixir par eux-mêmes. L'Élixir tonique antiglaireux n'a pas eu besoin, pour être favorablement accueilli du public, d'être pompeusement annoncé dans les journaux ; je n'ai jamais voulu permettre qu'on lui donnât ce genre de publicité, contre lequel on est à bon droit prévenu. Je ne voulais point qu'il eût un succès de vogue, mais bien celui que le temps assure aux choses bonnes et utiles , et je me plais à croire qu'il l'a obtenu.

TISSU ÉLECTRO-MAGNÉTIQUE

APPROUVÉ PAR L'ACADÉMIE IMPÉRIALE DE MÉDECINE.

— ⊙ —

Ce Tissu est un Remède puissant contre les douleurs de Goutte, de Rhumatisme et de Sciatique; contre les Migraines, les Névralgies et les Gastralgies; pour la résolution des Engorgements lymphatiques et des Hydropisies, le pansement des Plaies et des Brûlures; contre les maux de Gorge et les douleurs d'Oreilles, etc.

— ⊙ —

AVIS IMPORTANT.

Notre Tissu est aujourd'hui d'une solidité irréprochable, il dure indéfiniment, et ne se brise plus comme autrefois.

— ⊙⊙⊙ —

Propriétés du Tissu Électro-Magnétique.

Le Tissu Électro-Magnétique doit ses propriétés curatives, d'abord à la substance végétale dont il est composé, puis aux métaux de la pile électro-magnétique de Volta, qui y sont incorporés en poudre impalpable.

Il agit comme agent doué d'une puissance électrique constatée, et aussi comme enduit imperméable.

Il produit, sur la partie du corps où on l'applique, une transpiration abondante, toujours acide et souvent âcre et nauséabonde.

Cette transpiration, en s'exsudant, entraîne avec elle la cause de la maladie, et fait disparaître promptement les douleurs les plus aiguës.

Si l'humeur de la transpiration est âcre, il se produit une éruption salutaire qui dure quelques jours, et peut donner lieu à de vives démangeaisons. Il ne faut pas en tenir compte, car l'éruption et la démangeaison cessent aussitôt que l'humeur âcre qui les cause est complétement exsudée. Il faut donc continuer l'application du Tissu; la guérison serait compromise si l'on cessait cette application.

Lorsqu'on en fait usage pour envelopper la poitrine d'un malade atteint de *pleurésie* ou de *pleuro-pneumonie à l'état aigu,* son application hâte singulièrement la résorption, ou plutôt *l'exsudation de l'engorgement pulmonaire.*

Il en est de même dans les engorgements lymphatiques des articulations, dans les infiltrations hydropiques, dans les douleurs dont la cause est inconnue, dans les migraines et les névralgies faciales.

Il soulage promptement l'enchifrènement, le coryza ou rhume de cerveau, les douleurs d'oreilles et les fluxions des joues, les brûlures, les affections érysipélateuses de la peau, etc., etc.

Manière d'employer le Tissu Électro-Magnétique.

Il faut envelopper entièrement, avec le Tissu Électro-magnétique, la partie malade, et le tenir appliqué *hermétiquement*, de manière à empêcher l'air extérieur de pénétrer jusqu'à la peau.

Le *Tissu* doit rester appliqué jusqu'à ce que la guérison soit obtenue.

On l'enlève de temps à autre, pour essuyer ia transpiration qui s'est condensée à sa surface.

La transpiration sera d'autant plus abondante, et le *Tissu* agira avec d'autant plus d'efficacité, qu'il collera davantage à la peau, et y sera plus solidement maintenu. Il est rare que le *Tissu* ne produise pas un soulagement notable, après quelques heures d'application, et aussitôt que la transpiration s'est produite.

Pour les maladies chroniques, telles que la *goutte, la paralysie, les rhumatismes de la tête et autres,* qui exigent une application permanente du *Tissu*, on fait bien d'en doubler des serre-têtes, des gilets de flanelle, des caleçons, des manches, des genouillères, des chaussettes, etc.

Pour les migraines, les névralgies faciales et le rhume de cerveau, on enveloppe la tête tout entière jusqu'au-dessous des tempes.

Pour les brûlures, on l'applique sans cérat ni pommade; la cicatrisation s'opère promptement, et la douleur cesse immédiatement après qu'on en a enveloppé le membre brûlé.

Nous ne saurions trop recommander cet auxilliaire puissant à MM. les médecins ; car nous avons tous les jours des exemples des bons résultats obtenus par l'usage du *Tissu* dans ces diverses maladies.

Nota. Il faut avoir soin de ne pas faire chauffer le Tissu avant de l'appliquer, et de le conserver à l'abri de la chaleur.

Résultats obtenus par l'usage du Tissu Electro-Magnétique.

Parmi les médecins d'hôpitaux ou membres de l'Académie qui ont expérimenté le *Tissu électro-magnétique*, nous citerons en première ligne le savant rapporteur de l'Académie, M. Robert, chirurgien de l'hôpital Beaujon, qui a constaté, dans le rapport qu'il a lu à ce sujet à l'Académie impériale de médecine, les résultats satisfaisants qu'on peut obtenir de son usage. Nous mentionnerons ensuite M. Martin Solon, membre de l'Académie, médecin de l'Hôtel-Dieu, qui, l'un des hivers derniers, étant depuis plusieurs semaines perclus de douleurs, en fit usage, et en trois ou quatre jours fut assez rétabli pour reprendre son service à l'Hôtel-Dieu et auprès de sa clientèle civile.

ACTION DÉPURATIVE
DE L'ESSENCE CONCENTRÉE DE SALSEPAREILLE
d'Amérique, préparée par PAUL GAGE.

La Salsepareille d'Amérique est généralement reconnue aujourd'hui comme le Dépuratif le plus efficace qu'on ait encore employé.

L'Essence de Salsepareille remplace avec avantage toutes les tisanes sudorifiques ; l'emploi en est moins dispendieux que celui de ces sortes de tisanes, moins désagréable pour le malade, et plus commode surtout pour les voyageurs, à qui elle permet de continuer en secret un traitement dont l'interruption peut être suivie des accidents les plus graves.

Les médecins qui se sont occupés des maladies, à la guérison desquelles doit concourir efficacement l'appareil cutané de la transpiration, ont reconnu que l'emploi de l'ESSENCE DE SALSEPAREILLE était indispensable dans le traitement *des maladies secrètes, des dartres et des affections goutteuses et rhumatismales*, en un mot, de toutes les maladies qui proviennent de l'atonie des vaisseaux lymphatiques ou d'un virus qu'il s'agit d'expulser du corps.

L'Essence de Salsepareille se prend à la dose de trois à quatre cuillerées par jour, aux mêmes heures que les tisanes ordinaires. Chaque cuillerée doit être prise séparément dans un verre d'eau commune.

HYGIÈNE DE LA BOUCHE.

OBSERVATIONS SUR

L'EAU ET LA POUDRE DENTIFRICES DE QUININE

à base de Quinine et de Magnésie,

ET LE

Baume contre les maux de Dents,

COMPOSÉS PAR PAUL GAGE,

Et sur leur emploi au point de vue de l'Hygiène Dentaire.

—o—

Eau de Quinine.

On en verse une cuillerée à café dans un demi-verre d'eau pour se rincer la bouche, lorsqu'on s'est nettoyé les dents avec la poudre de *Quinine*, ou pour se gargariser lorsqu'on a les gencives malades ou ramollies.

Quand les gencives sont douloureuses, on en mêle une cuillerée à café avec une cuillerée d'eau et de miel rosat et quelques gouttes de laudanum.

Il faut se gargariser souvent dans la journée avec ce mélange, et le garder dans la bouche le plus longtemps possible.

Poudre de Quinine.

Après avoir trempé dans l'*Eau de Quinine* une brosse douce, on l'imprègne de poudre, et on la passe sur les dents de manière à ne pas irriter ni écorcher les gencives par un frottement trop vif.

Ensuite on se rince la bouche avec un peu d'EAU DE QUININE étendue d'eau fraîche.

Baume contre les maux de dents.

Quand une dent est creuse et cariée, il faut introduire dans cette dent un peu de coton imbibé de quelques gouttes de ce Baume, de manière à empêcher l'action de l'air atmosphérique sur le nerf dentaire.

Il faut en multiplier l'application plusieurs fois dans la journée, même lorsqu'on a cessé de souffrir, afin de prévenir le retour de la douleur.

Des causes qui produisent les maladies des dents et des gencives.

Les hommes de science sont tous d'accord aujourd'hui pour reconnaître que les maladies des gencives, la carie des dents et la perte de l'émail, doivent être attribuées à un principe ACIDE qui se forme spontanément dans les humeurs de la bouche, notamment dans la salive, sous l'influence d'une affection morbide et de certaines constitutions physiques.

Les gencives sont quelquefois molles, enflammées, scorbutiques, ou saignantes. Les dents, n'étant plus maintenues, se déchaussent et s'ébranlent. Elles se couvrent d'un enduit muqueux et sale qui ronge l'émail, ulcère les gencives, et donne à la bouche un aspect repoussant et une odeur désagréable. Bientôt la carie se développe, et sous son influence surviennent ces couleurs atroces que l'on n'a pu mieux définir qu'en les qualifiant de RAGE DE DENTS.

Propriétés de l'eau et de la Poudre dentifrices de Quinine.

Les Dentifrices de Quinine réparent promptement ces désordres, et en préviennent le retour.

Par leurs propriétés aromatiques et antiputrides, ils raffermissent les gencives, corrigent la mauvaise haleine, enlèvent l'odeur du cigare, et donnent à la bouche un parfum exquis et une fraîcheur délicieuse.

Composition des Dentifrices de Quinine.

Pour composer les Dentifrices de Quinine, on a associé à la quinine une substance alcaline, douce et inoffensive, les parfums les plus agréables, et les principes actifs des plantes odontalgiques et antiscorbutiques, reconnues comme les plus énergiques et les plus efficaces.

On y a ajouté une combinaison CHLORÉE, qui a toutes les propriétés désinfectantes du chlore et l'action sédative du chloroforme, sans en avoir les inconvénients ni les dangers.

Le meilleur éloge que l'on puisse faire des Dentifrices de Quinine, c'est que les personnes qui en ont essayé ne peuvent plus s'en passer, et n'en veulent pas employer d'autres.

Propriétés du Baume pour calmer les douleurs causées par la carie.

La douleur des dents provient de l'action immédiate de

l'air extérieur sur le nerf dentaire mis à nu, soit par la cassure d'une dent, soit par la carie qui en a rongé les parois extérieures et la couronne.

Le Baume dentaire atteint le nerf douloureux, le paralyse pour toujours, et par son heureuse combinaison avec la substance même de la dent, arrête et détruit la carie, de manière à permettre de plomber la dent en toute sûreté. Il n'a pas, comme la CRÉOSOTE, l'inconvénient grave d'ulcérer la bouche et de brûler les gencives.

Quelles sont les meilleures Brosses à dents ?

Beaucoup de personnes s'imaginent que pour avoir des dents saines, blanches, propres, et des gencives vermeilles et bien portantes, il faut employer des brosses dures.

C'est là une grave erreur, et de plus un grave danger.

L'émail qui recouvre les dents est tellement mince, que le frottement d'une brosse dure l'use avec la plus grande promptitude, surtout lorsque l'usage de ces sortes de brosses coïncide avec celui des poudres minérales ou acides.

La meilleure brosse à dents est celle qui est *douce et bien fournie,* dont les soies ne se détachent pas, et dont l'action sur les dents est complétement inoffensive.

CONSEILS HYGIÉNIQUES

Aux personnes qui ont besoin d'épiler promptement le duvet du visage, des épaules et des bras,

SANS NUIRE A LA PEAU.

En général, on vend dans le commerce de la parfumerie des préparations *épilatoires* dont l'action corrosive altère l'épiderme, et donne lieu à des boutons, à des éphélides dartreuses, etc.

Nous en préparons une connue sous le nom de RUSMA DES PERSES, qui convient surtout aux dames dont la peau aurait à redouter l'usage trop fréquent du rasoir.

NOTA. *Le Rusma que nous recommandons enlève le poil ou le duvet, mais n'en détruit pas le bulbe ; il n'a aucune action nuisible sur la peau.*

DE L'EMPLOI DU SIROP ET DE LA PATE
DE MOU DE VEAU
AU LICHEN D'ISLANDE,

DE PAUL GAGE,

CONTRE LES MALADIES DE POITRINE,

LES RHUMES, TOUX, CATARRHES, ASTHMES, COQUELUCHES, PHTHISIES PULMONAIRES, ENROUEMENTS, ETC.

———◦———

Les maladies de poitrine ont presque toutes les mêmes symptômes, c'est-à-dire une toux fréquente, opiniâtre, convulsive; de l'oppression, de l'insomnie, une sécheresse brûlante de la gorge et de la poitrine, une soif excessive; enfin une expectoration abondante de mucosités épaisses et quelquefois purulentes ou sanguinolentes.

La toux est un acte convulsif violent, qui n'a pas lieu sans donner naissance à divers accidents, parfois plus nuisibles que la maladie même dont elle est un symptôme.

Calmer la toux, c'est donc guérir à moitié le malade; c'est combattre avec avantage le mal qui sévit.

Il est constant que de tous les moyens employés jusqu'à ce jour, le LICHEN D'ISLANDE et le MOU DE VEAU, seuls ou associés à d'autres substances mucilagineuses pectorales, antiphlogistiques, sont ceux qui ont le mieux atteint ce double but.

Toutes ces substances ont été réunies pour composer notre sirop et notre pâte de Mou de Veau au Lichen d'Islande.

Ces précieux remèdes doivent leur action sédative à la *Thridace*, et ne contiennent aucune préparation opiacée; ce fait a été constaté par les journaux de médecine qui, en 1838, en ont publié la formule.

Les médecins les plus éminents de tous les pays les ordonnent de préférence à un grand nombre de préparations similaires, car ils leur reconnaissent des propriétés plus pectorales, plus nutritives et plus calmantes, qu'à ces sortes de préparations.

Nous pouvons dire qu'il n'est pas une affection de poitrine qui n'éprouve un soulagement notable par l'emploi du Sirop et de la Pate de Mou de Veau au Lichen d'Islande; pas une toux, tant opiniâtre soit-elle, qui ne soit promptement apaisée par eux. Nous pourrions citer des cas remarquables de phthisie pulmonaire avancée, où le Sirop et la Pâte de Mou de Veau au Lichen d'Islande, que nous préparons, ont été les seules substances alimentaires que les malades aient pu supporter. *Eux seuls,* en effet, ont réparé leurs forces épuisées, et par un usage continué quelques mois, arrêté les progrès qu'avait faits cette terrible maladie.

Manière d'employer le Sirop et la pâte pectorale.

Dans les rhumes ordinaires et dans la coqueluche, on peut, toutes les fois qu'on éprouve le besoin de tousser ou d'expectorer, employer alternativement la Pâte et le Sirop à la dose d'une cuillerée à bouche pour le Sirop, pur ou délayé dans une petite tasse de tisane adoucissante, au goût du malade, ou bien d'un ou deux morceaux de Pâte qu'on doit laisser fondre dans la bouche, sans les mâcher. La dose est de 6 à 8 cuillerées à bouche par jour pour le sirop, deux heures avant le repas, ou deux heures après, et de huit à dix morceaux de pâte de la même manière : la dose est de moitié pour les enfants.

Dans les coqueluches, le Sirop convient mieux, parce que les quintes de toux se renouvelant fréquemment, on a plus tôt fait d'avaler une cuillerée de sirop pour apaiser la toux, que de faire fondre dans sa bouche un morceau de pâte.

Dans la phthisie pulmonaire, on prend indifféremment l'une ou l'autre des préparations, aux doses indiquées ci-dessus ; on fera bien néanmoins, quand on prendra le Sirop, de le délayer dans une tasse de tisane de fruits pectoraux ou de toute autre, au goût du malade.

DE L'EMPLOI DU
TAFFETAS GOMMÉ
DE PAUL GAGE,
Pour la guérison des Cors, Oignons et Durillons.

L'hygiène embrasse les soins à donner à toutes les parties du corps humain. L'homme sérieux ne craint pas de s'occuper d'infirmités, qui, pour paraître infimes, comme les cors aux pieds, n'en sont pas moins douloureuses, et de rechercher les moyens de guérir une affection qui s'attache aux pieds du riche comme à ceux du pauvre.

C'est à ce titre, que nous recommandons l'usage du Taffetas gommé, que nous préparons, et que nous indiquons les moyens d'en faire usage.

Manière d'employer le Taffetas.

Il en faut couper un morceau de grandeur et de forme convenables, pour couvrir le *cor, l'oignon ou le durillon* qu'on veut guérir, et l'y maintenir, soit avec une petite lanière de baudruche, soit avec un peu de linge fin, ou de taffetas d'Angleterre.

On enlève au bout de cinq à six jours le morceau de Taffetas, et on détache, avec la pointe d'un canif ou d'une paire de ciseaux, la couche de peau rongée; on recommence de la même manière jusqu'à parfaite guérison.

Il est bien essentiel de ne pas faire saigner le cor avant ou après l'application du Taffetas, pour éviter l'inflammation qui ne manquerait pas de se produire.

Pour les OEILS DE PERDRIX, il faut ratisser, sur la surface gommée du Taffetas, assez de matière pour en emplir l'œil de perdrix ; appliquer par-dessus un petit morceau de Taffetas et agir comme pour les cors. Il faut surtout prendre des bains de pieds pour ramollir le cor et faciliter l'action du Taffetas.

Remarque importante.

S'il survenait de l'inflammation, ce qui est rare, il faudrait de suite suspendre l'usage du Taffetas, recourir à des cataplasmes et des bains de pieds émollients, et ne revenir au Taffetas que lorsque l'inflammation serait tout à fait passée.

Pour prévenir le retour des cors, il faut mettre de côté les chaussures gênantes qui les ont occasionnés, et n'en porter que de convenables, à *semelles droites* et longues, qui maintiennent le pied sans le comprimer ou le laisser trop à l'aise.

INSTRUCTIONS POUR L'EMPLOI
DES GRAINS DE SANTÉ
du Docteur Franck.

Utilité des Grains de Santé.

Les maladies longues et chroniques font le désespoir des médecins et des malades. Leur durée est d'autant plus grande, que leur cause est ordinairement peu connue, et que leur remède est plus difficile à trouver.

Quand on pense à la régularité admirable des fonctions naturelles des divers organes, on est, malgré soi, forcé de reconnaître que la santé ne se perd, que parce que l'harmonie est détruite dans le jeu de ces fonctions.

Le plus important de nos organes est certainement le tube digestif ou intestinal. C'est lui qui doit élaborer les aliments qui servent à réparer les forces, c'est à lui qu'il faut confier le soin d'envoyer aux organes malades les remèdes qui doivent rétablir l'équilibre dans leurs fonctions, et ramener la santé.

En effet, dès que l'appétit s'altère, que l'estomac et le ventre deviennent paresseux, aussitôt toutes les autres fonctions se troublent ; le sommeil se perd, la fièvre se déclare, la bile tourmente, les obstructions commencent, les vers pullulent chez les enfants, les maladies de la peau se développent, etc., etc.

Écoutez ce que dit à ce sujet l'un des grands médecins des temps modernes, le célèbre BICHAT, *dans son livre intitulé : Recherches sur la vie et sur la mort :*

« Ils connaissaient, mieux que nos modernes mécaniciens, les
« lois de l'économie, les anciens qui croyaient que les sombres
« affections *s'évacuaient par les purgatifs avec les mauvaises*
« *humeurs.*

« En débarrassant les premières voies, ils faisaient disparaître
« la cause de ces affections. Voyez, en effet, quelle sombre tristesse
« répand sur nous l'embarras gastrique, etc., etc. »

Propriétés curatives et préservatrices des Grains de Santé.

Les Grains de Santé remédient aux maux d'estomac, à la pituite et aux glaires ; ils chassent les vents, font cesser la constipation, rétablissent les digestions altérées et le cours des règles, dissipent la mélancolie et l'hypocondrie et les malaises nerveux, etc., etc.

Ils entraînent les humeurs qui séjournent dans le bas-ventre ; ils s'opposent à la saburre bilieuse et glaireuse du tube digestif et aux pâles couleurs ; ils guérissent les hydropisies commençantes et les engorgements du foie et de la rate. Chez les enfants, ils détruisent les vers, et empêchent les convulsions. Il convient de les leur faire prendre au moment où ils font leurs dents, *surtout, s'ils sont un peu resserrés.*

Manière de faire usage des Grains de Santé.

On les prend au moment du dîner ou du souper ; tous ensemble, ou chaque grain séparément, dans une cuillerée de potage ou d'eau sucrée. On les prend aussi le matin à jeun.

La dose est de huit à dix pour un adulte, et de trois à quatre pour un enfant au-dessous de huit ans.

On mange comme à son ordinaire ; la digestion n'est nullement troublée ; ce n'est d'habitude que le lendemain matin que le résultat purgatif se fait sentir, et que les évacuations bilieuses se succèdent. Cet excellent remède n'exige ni régime, ni tisane, et n'empêche pas de vaquer à ses occupations.

Les Grains de Santé n'ont aucun goût quand on les avale ; ils ne répugnent pas aux malades. Franck a observé que ceux à qui il a prescrit ses Grains de Santé, ont vécu très-longtemps et ont été exempts de fièvres intermittentes, putrides et malignes.

Les Grains de Santé sont aussi employés *extérieurement*, et, sous cette forme, rendent encore de grands services.

Cinquante grains dissous dans du vin chaud, imbibés dans du coton et appliqués sur l'estomac ou le ventre, ont opéré de bons effets dans les crises nerveuses et les coliques d'estomac et d'entrailles.

Quarante à cinquante grains dissous dans de l'eau bouillante, et administrés dans un lavement, ont opéré des effets merveilleux dans plusieurs maladies aiguës ou chroniques, notamment dans les attaques d'apoplexie, de paralysie et les crises du mal caduc.

L'usage de ce remède est utile dans toutes les époques de l'année, notamment dans le printemps.

Nota. Il faut se méfier des contrefaçons et n'avoir confiance que dans les boîtes portant les étiquettes et cachets conformes aux modèles ci-dessous.

Modèle de l'étiquette de dessus la boîte.

Modèle de l'étiquette de dessous la boîte.

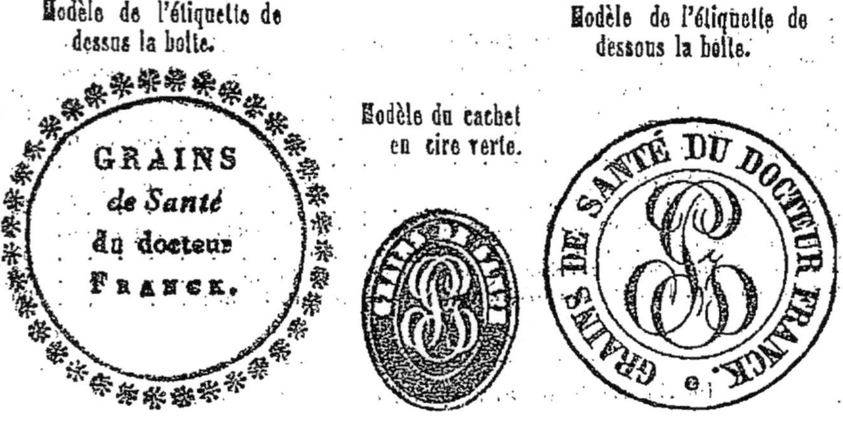

TABLE DES MATIÈRES.

Imprimerie de W. REMQUET et Cie, rue Garancière, 5.

9 782019 268480